中高职一体化机械设计制造类专业融合式项目教程

简单产品普通加工（上册）

A教程

禹　诚　周远成　余　昆　编著

熊靖康　王　燚　陈　功
姜典清　钟　波　车海峰　参编

華中科技大學出版社
http://press.hust.edu.cn
中国·武汉

内容简介

本教材中，编者原创T形块的测绘、四巧板的制作与绘图、典型曲线连接零件的绘图与制作、组合体模型测绘四个项目。通过【任务描述】【知识目标】【技能目标】【任务准备】【任务实施】【任务评价】等“做学教评同步”任务工作页驱动，引导学生完成绘制T形块的三视图；制作四巧板A；制作四巧板B；制作四巧板C；绘制四巧板D的图纸；制作爱心A；制作爱心B；制作环眼吊钩；测绘陀螺、支座；测绘圆筒；绘制底座等11个任务，让学生掌握机械制图、钳工、零件检测技术等领域的知识和技能，并能灵活应用。

图书在版编目(CIP)数据

简单产品普通加工. A教程. 上册/禹诚，周远成，余昆编著. —武汉：华中科技大学出版社，2022.11
ISBN 978-7-5680-8823-7

Ⅰ.①简… Ⅱ.①禹… ②周… ③余… Ⅲ.①金属切削-教材 Ⅳ.①TG5

中国版本图书馆CIP数据核字(2022)第219889号

简单产品普通加工(A教程上册)　　禹诚　周远成　余昆　编著
Jiandan Chanpin Putong Jiagong(A Jiaocheng Shangce)

策划编辑：王红梅
责任编辑：刘艳花　李　露
封面设计：原色设计
责任校对：刘　竣
责任监印：周治超
出版发行：华中科技大学出版社(中国·武汉)　　电话：(027)81321913
武汉市东湖新技术开发区华工科技园　　邮编：430223
录　　排：武汉市洪山区佳年华文印部
印　　刷：湖北新华印务有限公司
开　　本：787mm×1092mm　1/16
印　　张：8
字　　数：185千字
版　　次：2022年11月第1版第1次印刷
定　　价：62.00元

华中出版

本书若有印装质量问题，请向出版社营销中心调换
全国免费服务热线：400-6679-118　竭诚为您服务

习近平总书记在党的二十大报告中指出“坚持把发展经济的着力点放在实体经济上，推进新型工业化，加快建设制造强国、质量强国、航天强国、交通强国、网络强国、数字中国。”在推进新型工业化及强国战略过程中，从事装备制造业的技术技能人才肩负着重要使命。

为了培养符合新型工业化和强国战略需要的高水平装备制造大类技能人才，编写团队专注中高职教育教学改革20多年，积累了丰富的项目化教学改革经验。本系列教材聚焦机械设计制造类专业学生学习和教师教学的痛点：一是中职和高职阶段专业课程缺乏统筹规划，教学衔接不畅，岗课证赛融通困难，毕业生难以满足企业岗位需求；二是传统专业教学通常采用专业基础和专业课分门分科教学，互为支撑的课程因开设时间不连续而彼此割裂，理论知识和实践技能脱节，造成学生学习困难、教师教学不畅。

编写团队依据陶行知“教学做合一”理念，通过对标机械设计制造类专业的职业面向、培养目标定位、专业能力要求，开展融合式项目化教学改革，精心设计思政性、趣味性、实用性、连贯性的教学项目，形成中高职一体化全学程专业教学项目链，创新编写中高职一体化融合式纯项目化教材，破解中高职教学衔接不畅、课程割裂、理实脱节等难题。教材在项目任务选题上突出思政功能，引入中国传统文化元素、突出环保理念、借用大国重器工作情景等，树立学生文化自信、提高学生环保意识、激发学生专业担当、培植学生报国之志，有效达成价值塑造、知识传授、能力培养的有机融合。该系列教材包括：简单产品普通加工、常用产品数控加工、复杂产品综合加工、尖端产品多轴加工、创意产品原型制作共五大模块上下册共10套教材，每套教材包括“做学教评同步”A、B教程，共计20本教材。

A教程为基于项目实施过程的“做学教评”同步工作页，B教程为基于项目实施过程的“跨科目融合”同步学习页。编写团队联合企业专家，根据知识对岗位能力的贡献度，依据国家教学标准，将关键学习领域知识点进行了编码（机械设计制造类专业关键知识点编码表见附录）。不同领域的知识点学习页在B教程中用不同标识色块进行了区别，提取全套教材中同标识色块学习页，按知识点编码顺序装订成册将获得传统学科教材，有效兼顾了传统教学。

本系列教材的A、B教程需同步使用，强调以学习者为中心，以工作过程为导向，以做定学，以学定教，以评促学。需要做什么，就学什么；需要学什么，就教什么；学了什么，就测评什么。同步检测做、学、教的效果，有效控制项目教学过程，确保项目教学效果。

本教材中，编者原创T形块的测绘、四巧板的制作与绘图、典型曲线连接零件的绘图与制作、组合体模型测绘四个项目。通过【任务描述】【知识目标】【技能目标】【任务准备】【任务实施】【任务评价】等“做学教评同步”任务工作页驱动，引导学生完成绘制T形块的三视图；制作四巧板A；制作四巧板B；制作四巧板C；绘制四巧板D的图纸；制作爱心A；制作爱心B；制作环眼吊钩；测绘陀螺、支座；测绘圆筒；绘制底座等11个任务，让学生掌握机械制图、钳工、零件检测技术等领域的知识和技能，并能灵活应用。

教材编写团队由耕耘在装备制造类职业教育教学改革一线20多年的全国教书育人楷模禹诚老师领衔，团队成员包括中等职业学校和高等职业学校一线教师、装备制造企业技术技能大师。本教材由武汉城市职业学院禹诚、武汉市第二轻工业学校周远成、余昆编著。参加编写的还有熊靖康、王燚、陈功、姜典清等老师，钟波、车海峰等企业技术技能大师。

特别感谢为教材编写提供帮助的企业专家和毕业生！由于教学团队的教学改革还在持续进行，教学项目还在不断优化，教材编写还存在很多不足，敬请各位专家、读者原谅，欢迎大家多提宝贵修改意见，谢谢！

编　者

2022年11月于武汉

目录

项目一　T 形块的测绘

任务　绘制 T 形块的三视图

【任务描述】

测量 T 形块实物(见图 1.1.1)的尺寸,并绘制其三视图。

图 1.1.1　T 形块的三维模型图

【知识目标】

(1) 投影法的概念(A201);

(2) 三视图的形成与投影规律(A202);

(3) 图线(A101.4);

(4) 比例(A101.2);

(5) 尺寸标注(A102)。

【技能目标】

(1) 三视图绘制;

(2) 尺寸标注。

【任务准备】

三角板、铅笔、橡皮等。

【任务实施】

(1) 学习【链接知识 A201 投影法的概念】。

(2) 完成【专项训练 A201 投影法的概念】，如表 1.1.1 所示。

表 1.1.1　专项训练 A201 投影法的概念

序号	训练内容 根据左侧参考图，完成右侧中的任务。		备注
1	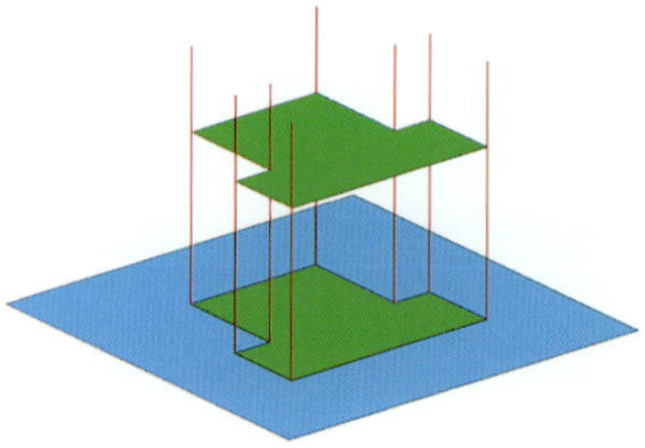	(1) 该投影采用的投影法是____________________。 (2) T 形片投影和 T 形片实际形状相比，反映了： □真实性□类似性□积聚性	
2	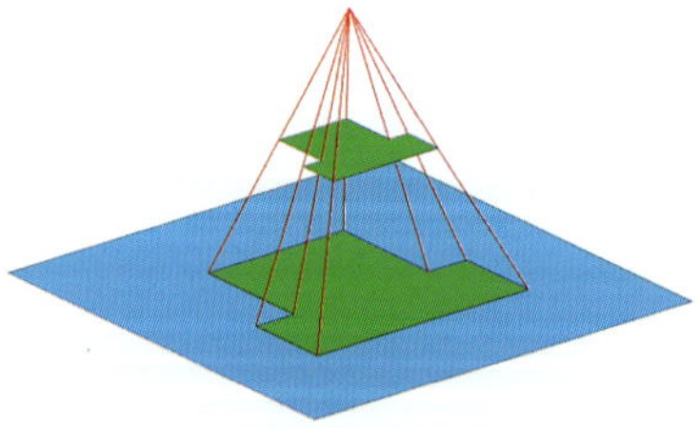	(1) 该投影采用的投影法是____________________。 (2) T 形片投影和 T 形片实际形状相比，反映了： □真实性□类似性□积聚性	
3	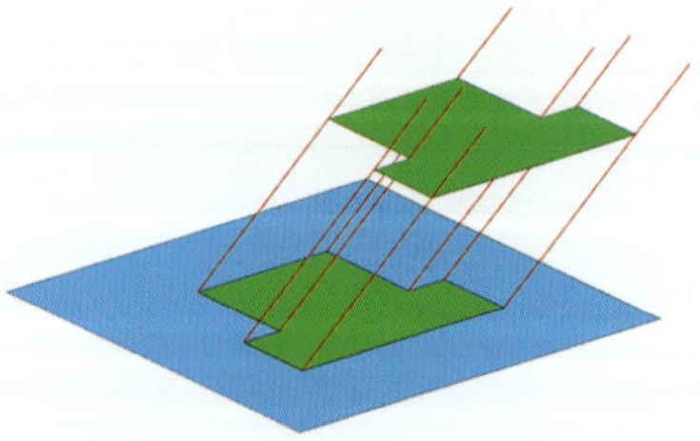	(1) 该投影采用的投影法是____________________。 (2) T 形片投影和 T 形片实际形状相比，反映了： □真实性□类似性□积聚性	

序号	训练内容 根据左侧参考图，完成右侧中的任务。		备注
4	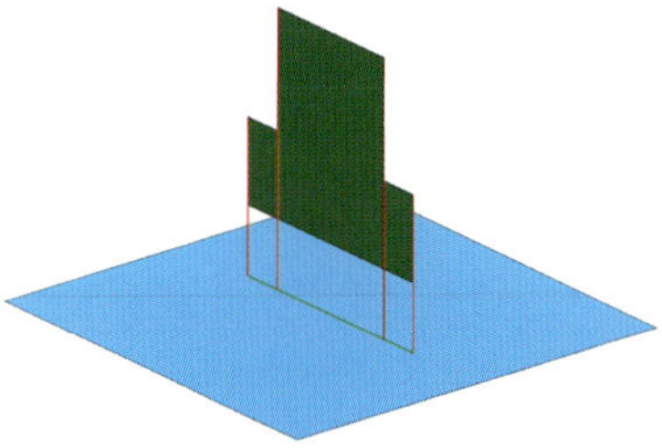	（1）该投影采用的投影法是____________________________。 （2）T 形片投影和 T 形片实际形状相比，反映了： □真实性□类似性□积聚性	

拓展学习

1. T 形块三维动态模型二维码。

2. 扫描以下产品三维动态模型二维码，观察其特征，绘制其三视图。

（3）学习【链接知识 A202 三视图的形成与投影规律】。

（4）完成【专项训练 A202 三视图的形成与投影规律】，如表 1.1.2 所示。

表 1.1.2　专项训练 A202 三视图的形成与投影规律

序号	训练内容 根据左侧参考图，完成右侧中的任务。		备注
1	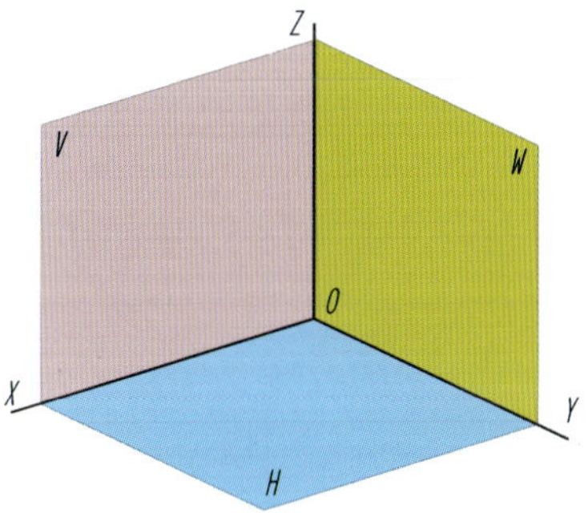	（1）写出三投影面体系中三个投影面的名称。 V 面称为________________； H 面称为________________； W 面称为________________。 （2）写出 OX、OY、OZ 投影轴度量的形体方位。 OX 轴度量形体__________； OY 轴度量形体__________； OZ 轴度量形体__________。	

序号	训练内容 根据左侧参考图，完成右侧中的任务。		备注
2	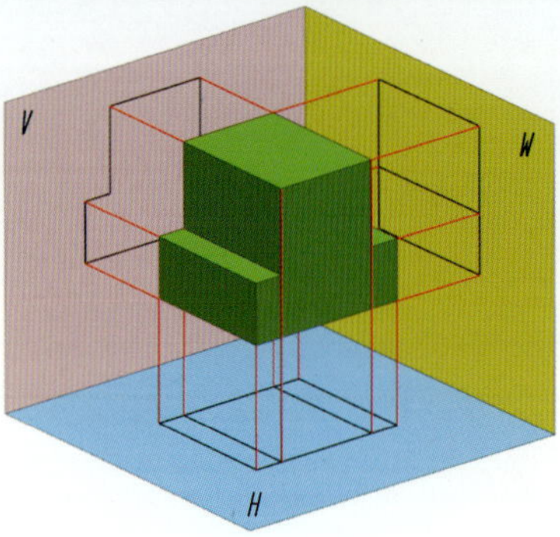	（1）T 形块在三投影面体系中生成了三张投影图，分别规定为： 在 V 面上的投影称为________________； 在 H 面上的投影称为________________； 在 W 面上的投影称为________________。	
3	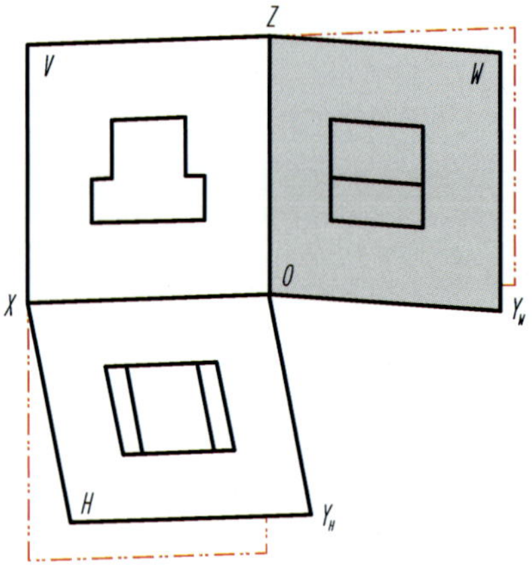	三个投影面的展开规定为： （1）不动的是________面； （2）绕 OX 轴向下旋转的是________面； （3）绕 OZ 轴向右旋转的是________面。	
4	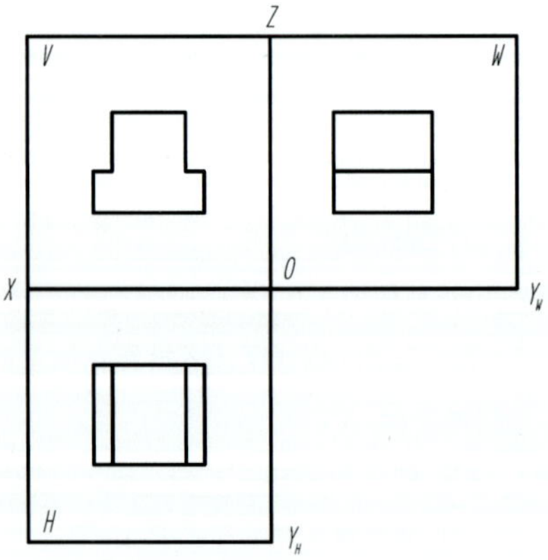	三个投影面展开后的特性： （1）展开后的 H、W 两投影面均与________共面； （2）OY 轴一分为二，落在 H 面上的标记为________，落在 W 面上的标记为________。	

续表

序号	训练内容 根据左侧参考图，完成右侧中的任务。		备注
5	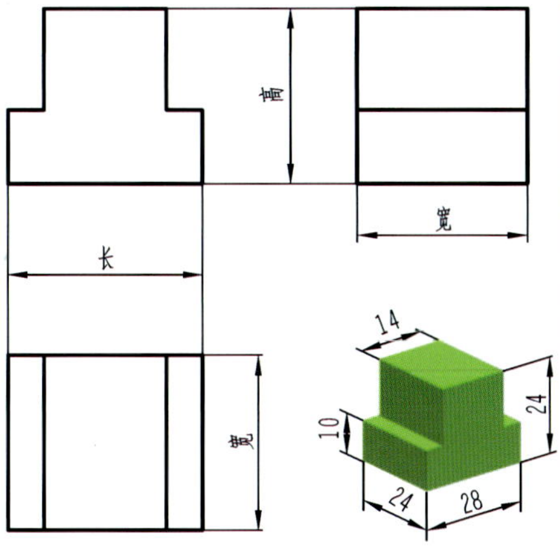	展开后的三面投影图，称为________、________、________。它们表达了T形块长、宽、高三个方向的尺寸，其中：________视图和________视图长对正；________视图和________视图宽相等；________视图和________视图高平齐。	
6	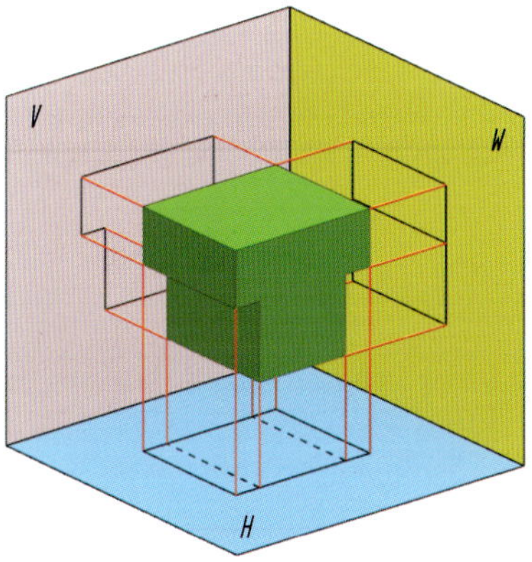	请画出左图所示位置状态下的T形块的三视图。	
7	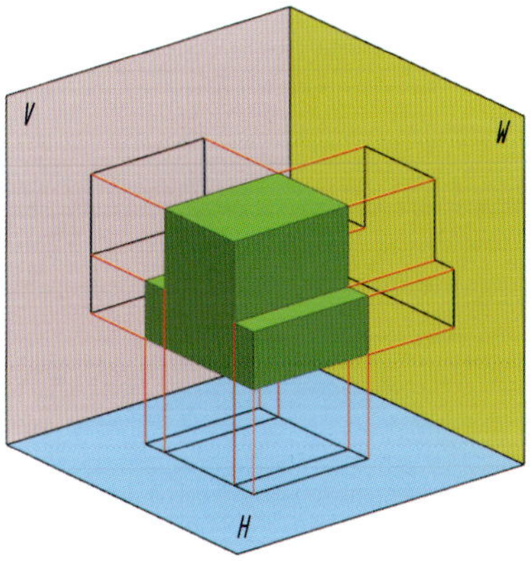	请画出左图所示位置状态下的T形块的三视图。	

序号	训练内容		备注
	根据左侧参考图，完成右侧中的任务。		
8	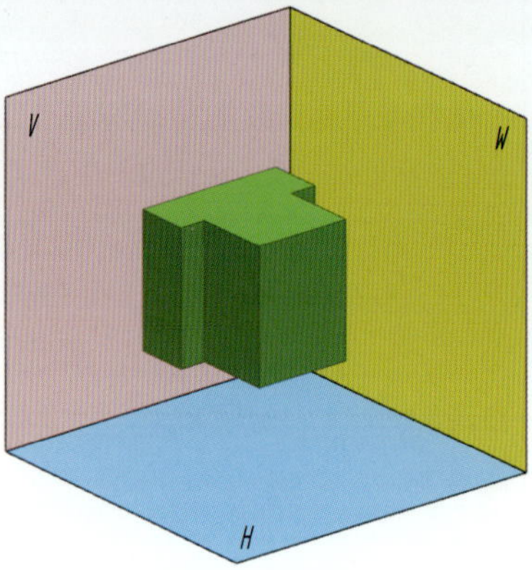	请画出左图所示位置状态下的 T 形块的三视图。	
9	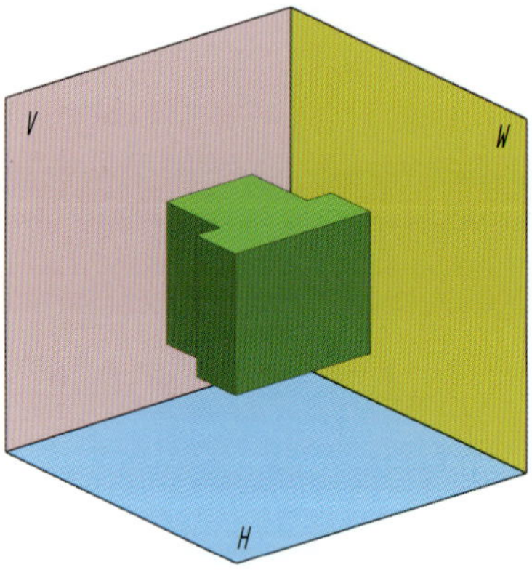	请画出左图所示位置状态下的 T 形块的三视图。	
10		请画出左图所示位置状态下的 T 形块的三视图。	

拓展学习

扫描以下产品三维动态模型二维码，观察其特征，绘制其三视图。

(5) 学习【链接知识 A101.4 图线】。

(6) 完成【专项训练 A101.4 图线】，如表 1.1.3 所示。

表 1.1.3 专项训练 A101.4 图线

序号	训练内容	备注
1	将不同线型与其应用进行连线。 虚线　　　　尺寸线 粗实线　　　　不可见轮廓线 细实线　　　　可见轮廓线 细点画线　　　　对称中心线	

(7) 学习【链接知识 A101.2 比例】。

(8) 完成【专项训练 A101.2 比例】，如表 1.1.4 所示。

表 1.1.4 专项训练 A101.2 比例

序号	训练内容	备注
1	将不同比例与其种类进行连线。 5∶1 1∶2　　　　放大比例 2∶1 3∶1　　　　缩小比例 1∶10	

续表

序号	训 练 内 容		备注
2	用不同的比例画出一条长 30 mm 的水平直线。		
	1∶1		
	2∶1		
	1∶2		

拓展学习

扫描以下产品三维动态模型二维码，观察其特征，绘制其三视图。

（9）完成【链接知识 A102 尺寸标注】。

（10）完成【专项训练 A102 尺寸标注】，如表 1.1.5 所示。

表 1.1.5　专项训练 A102 尺寸标注

序号	训 练 内 容	备注
1	圈出图中标注错误的尺寸，并在下方的空白图上展示正确的标注。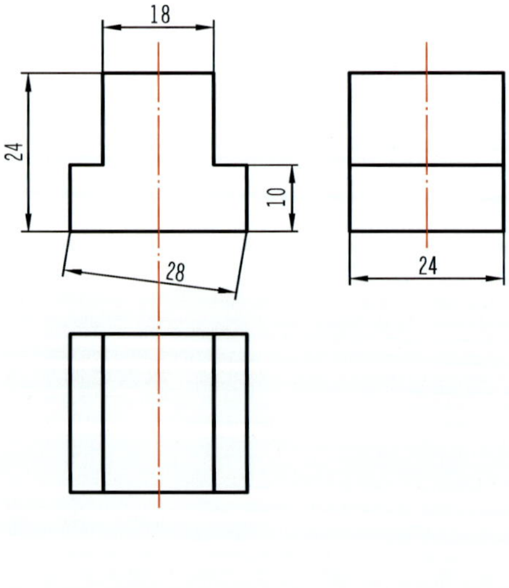	

续表

序号	训练内容	备注
1	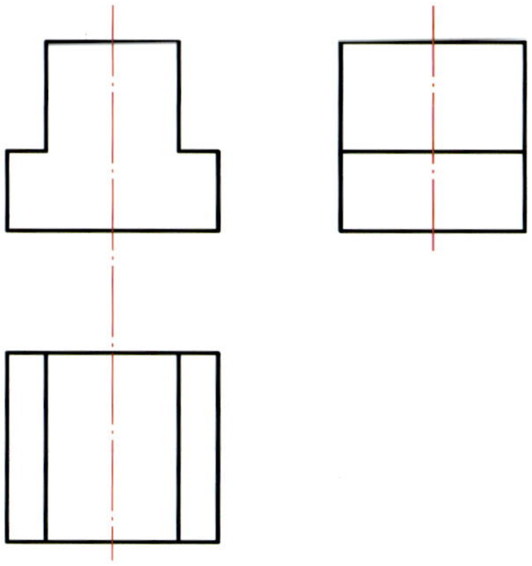	
2	箭头绘制 PK，以小组为单位，每位成员在自己和同组其他成员的工作单上绘制一组箭头，并签名。	

左箭头	右箭头	上箭头	下箭头	签名

（11）将测量的T形块实物尺寸填写到图1.1.2中的长方格中，然后绘制出T形块的三视图并标注尺寸（比例为1∶1）。

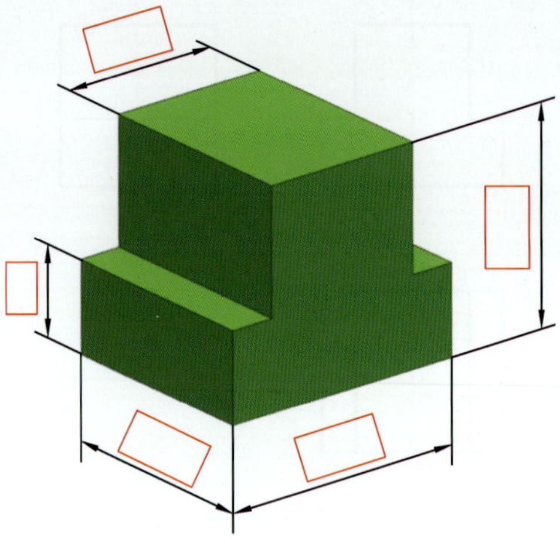

图1.1.2　T形块的三维模型图（带尺寸）

绘图区

【任务评价】

完成【任务 绘制 T 形块的三视图】后，请如实填写表 1.1.6 和表 1.1.7。

表 1.1.6 【绘制 T 形块的三视图】任务评价表

评价项目	评价标准	评价等级		
三视图规律	理解透彻	A □	B □	C □
T 形块的三视图	绘制正确	A □	B □	C □
尺寸标注	规范有序	A □	B □	C □
字迹	工整美观	A □	B □	C □
工作表	按时、规范、正确	A □	B □	C □

表 1.1.7 【绘制 T 形块的三视图】8S 评价表

序号	项目	自评	组长评价	教师评价
1	整理(SEIRI)	A□ B□ C□	A□ B□ C□	A□ B□ C□
2	整顿(SEITON)	A□ B□ C□	A□ B□ C□	A□ B□ C□
3	清扫(SEISO)	A□ B□ C□	A□ B□ C□	A□ B□ C□
4	清洁(SEIKETSU)	A□ B□ C□	A□ B□ C□	A□ B□ C□
5	素养(SHITSUKE)	A□ B□ C□	A□ B□ C□	A□ B□ C□
6	安全(SAFETY)	A□ B□ C□	A□ B□ C□	A□ B□ C□
7	节约(SAVE)	A□ B□ C□	A□ B□ C□	A□ B□ C□
8	学习(STUDY)	A□ B□ C□	A□ B□ C□	A□ B□ C□

注：评价等级中的“A”对应“好”、“B”对应“一般”、“C”对应“差”。

学生：____________ 组长：____________ 教师：____________

项目二　四巧板的制作与绘图

任务1　制作四巧板A

【任务描述】

抄画如图2.1.1所示的四巧板A的图纸，并完成四巧板A的制作，毛坯的尺寸可参考图2.1.2。

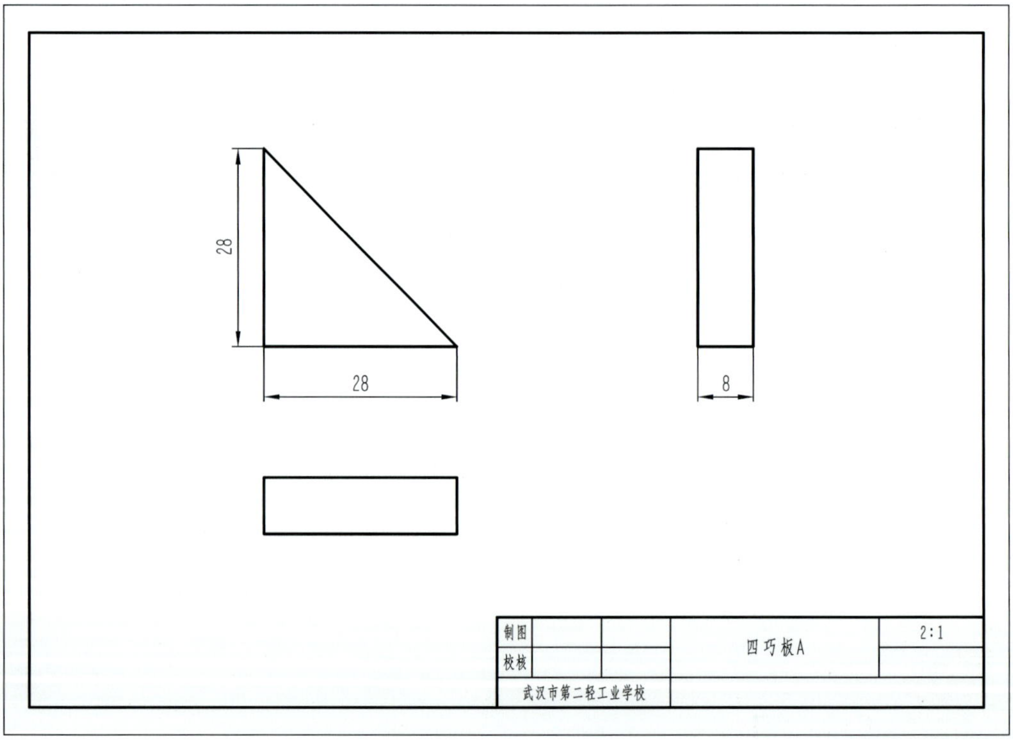

图2.1.1　四巧板A的图纸

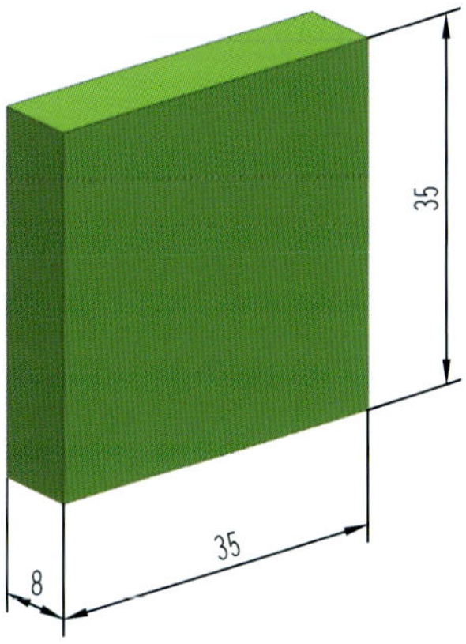

图 2.1.2　四巧板 A 毛坯的三维模型图

【知识目标】

(1) 常用绘图工具的使用(A101.5)；

(2) 图纸幅面及格式(A101.1)；

(3) 基本几何体(A204)；

(4) 字体(A101.3)；

(5) 钳台(F101.2)；

(6) 台虎钳(F101.1)；

(7) 锉刀(F401.1)；

(8) 基本锉削方法(F402.1)；

(9) 直角尺(C401.9)；

(10) 钢直尺划线(F202.1)；

(11) 基本锯削方法(F302.1)。

【技能目标】

(1) 图框、标题栏的绘制；

(2) 工件装夹；

(3) 平面锉削；

(4) 锯削；

(5) 平面划线；

(6) 直角尺的使用。

【任务准备】

游标卡尺、A4 绘图纸、图板、丁字尺、三角板、铅笔、橡皮、剪刀、透明胶、钢直尺、游标卡尺、角尺、划针、划线平台、锯弓、锉刀等。

【任务实施】

(1) 学习【链接知识 A101.5 常用绘图工具的使用】。

(2) 完成【专项训练 A101.5 常用绘图工具的使用】，如表 2.1.1 所示。

表 2.1.1　专项训练 A101.5 常用绘图工具的使用

序号	训练内容	备注
1	使用图板和丁字尺，绘制出两条相距 10 mm、长度为 50 mm 的水平平行线。	

序号	训练内容	备注
2	使用图板和丁字尺，绘制出两条相距 50 mm、长度为 20 mm 的竖直平行线。	
3	使用三角板和丁字尺，绘制出与水平线成 30°、45°、60°的倾斜线（长度自定）。	
4	使用两块三角板，绘制出两条与水平线成 45°，且相距 10 mm、长度为 20 mm 的平行线。	

拓展学习

1. 四巧板 A 三维动态模型二维码。

2. 扫描以下产品三维动态模型二维码，观察其特征，绘制其三视图。

(3) 学习【链接知识 A101.1 图纸幅面及格式】。

(4) 完成【专项训练 A101.1 图纸幅面及格式】，如表 2.1.2 所示。

表 2.1.2　专项训练 A101.1 图纸幅面及格式

序号	训练内容	备注
1	小组合作，将 1 张 A0 图纸裁成 16 张 A4 图纸。 (1) 将 1 张 A0 图纸对半裁开得到______张 A1 图纸； (2) 将 2 张 A1 图纸对半裁开得到______张 A2 图纸； (3) 将 4 张 A2 图纸对半裁开得到______张 A3 图纸； (4) 将 8 张 A3 图纸对半裁开得到______张 A4 图纸。	
2	请用刚刚裁出的 A4 图纸，完成图框的绘制。 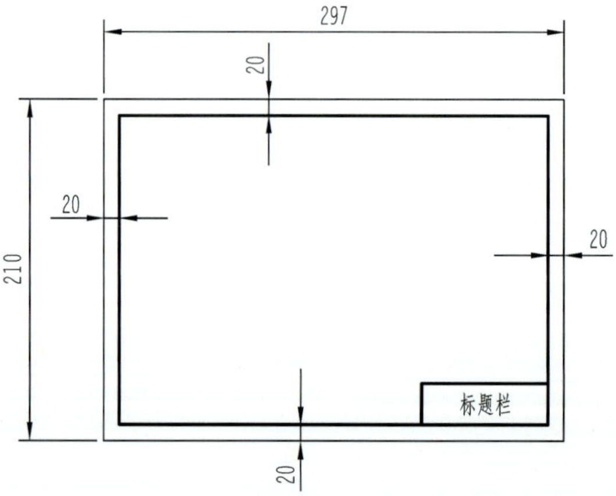 	

续表

序号	训练内容	备注
3	请完成标题栏的绘制。 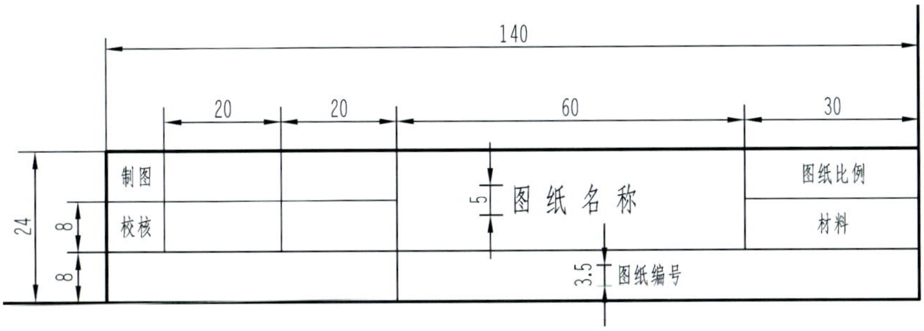	

拓展学习

扫描以下产品三维动态模型二维码，观察其特征，绘制其三视图。

（5）学习【链接知识 A204 基本几何体】。

（6）完成【专项训练 A204 基本几何体】，如表 2.1.3 所示。

表 2.1.3 专项训练 A204 基本几何体

序号	训练内容	备注
1	绘制出下图三棱柱的三视图。 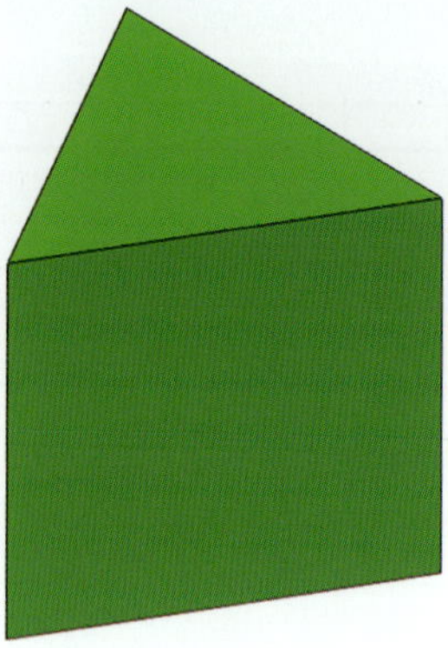	

序号	训练内容	备注
2	绘制出下图四棱柱的三视图。 	

续表

序号	训 练 内 容	备注
3	绘制出下图六棱柱的三视图。 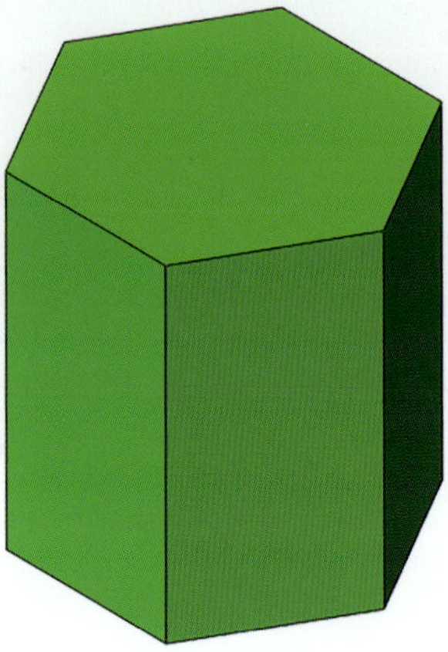	

（7）用透明胶将图纸粘贴到图板上，如图 2.1.3 所示。

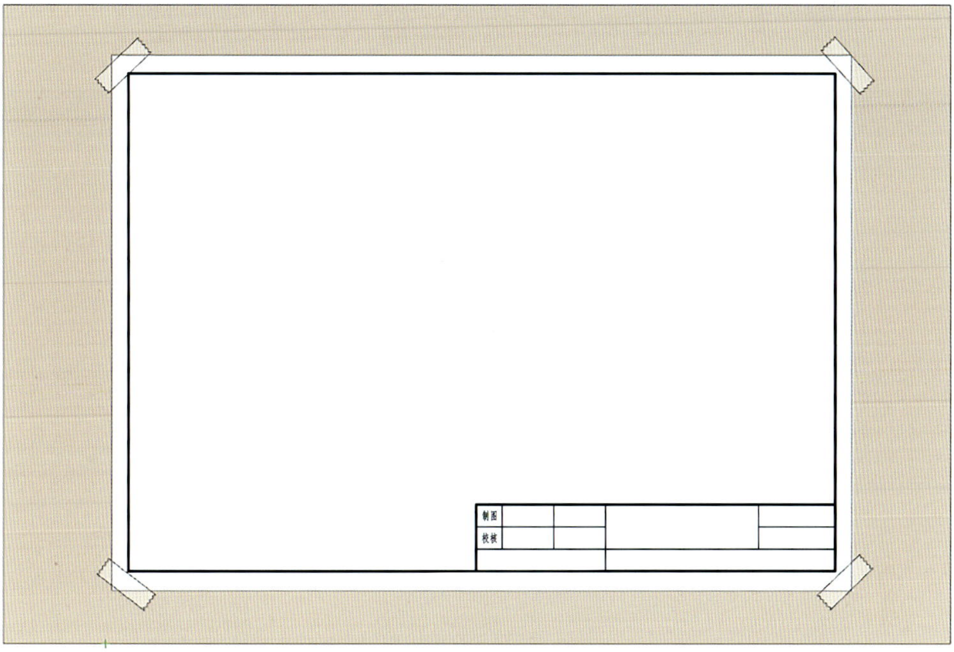

图 2.1.3　粘贴图纸示意图

（8）绘制四巧板 A 的三视图，如图 2.1.4 所示。

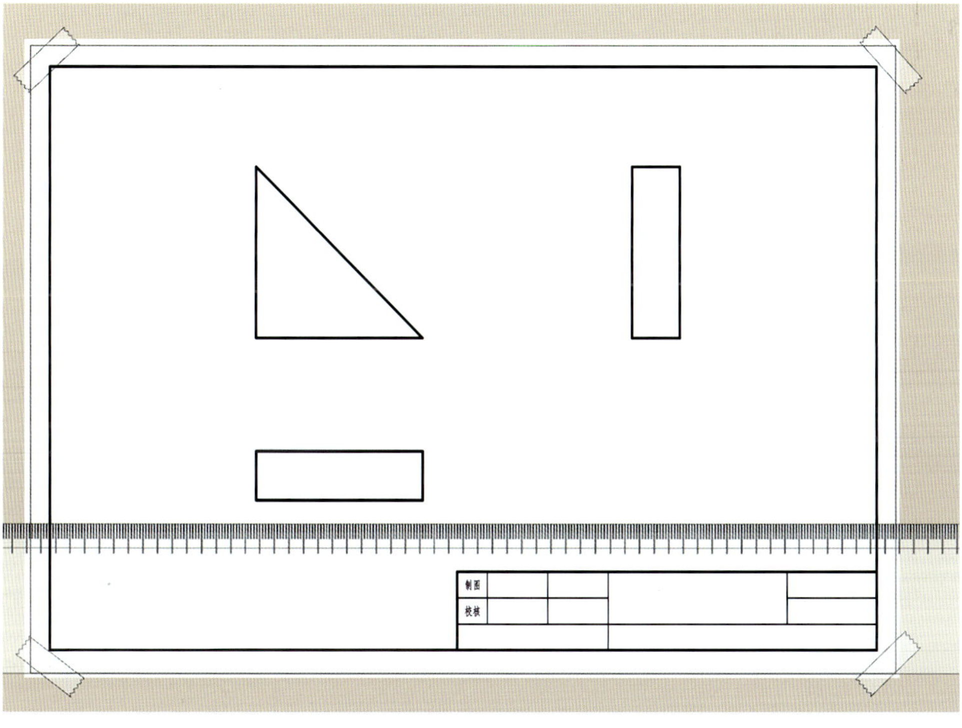

图 2.1.4　绘制三视图示意图

(9) 学习【链接知识 A101.3 字体】。

(10) 完成【专项训练 A101.3 字体】,如表 2.1.4 所示。

表 2.1.4　专项训练 A101.3 字体

序号	训练内容							备注
1	0	0	0	0	0			
	1	1	1	1	1			
	2	2	2	2	2			
	3	3	3	3	3			
	4	4	4	4	4			
	5	5	5	5	5			
	6	6	6	6	6			
	7	7	7	7	7			
	8	8	8	8	8			
	9	9	9	9	9			
2	A	A	A	A	A			
	B	B	B	B	B			
	C	C	C	C	C			
	D	D	D	D	D			
	E	E	E	E	E			
	F	F	F	F	F			
	G	G	G	G	G			
	H	H	H	H	H			
	I	I	I	I	I			
	J	J	J	J	J			
	K	K	K	K	K			
	L	L	L	L	L			
	M	M	M	M	M			
	N	N	N	N	N			
	O	O	O	O	O			
	P	P	P	P	P			
	Q	Q	Q	Q	Q			
	R	R	R	R	R			

续表

序号	训练内容							备注
2	S	S	S	S	S			
	T	T	T	T	T			
	U	U	U	U	U			
	V	V	V	V	V			
	W	W	W	W	W			
	X	X	X	X	X			
	Y	Y	Y	Y	Y			
	Z	Z	Z	Z	Z			
3	Ⅰ	Ⅰ	Ⅰ	Ⅰ	Ⅰ			
	Ⅱ	Ⅱ	Ⅱ	Ⅱ	Ⅱ			
	Ⅲ	Ⅲ	Ⅲ	Ⅲ	Ⅲ			
	Ⅳ	Ⅳ	Ⅳ	Ⅳ	Ⅳ			
	Ⅴ	Ⅴ	Ⅴ	Ⅴ	Ⅴ			
	Ⅵ	Ⅵ	Ⅵ	Ⅵ	Ⅵ			
	Ⅶ	Ⅶ	Ⅶ	Ⅶ	Ⅶ			
	Ⅷ	Ⅷ	Ⅷ	Ⅷ	Ⅷ			
	Ⅸ	Ⅸ	Ⅸ	Ⅸ	Ⅸ			
	Ⅹ	Ⅹ	Ⅹ	Ⅹ	Ⅹ			
4	机	机	机	机	机			
	械	械	械	械	械			
	制	制	制	制	制			
	图	图	图	图	图			
	四	四	四	四	四			
	巧	巧	巧	巧	巧			
	板	板	板	板	板			

拓展学习

1. 三棱柱三维动态模型二维码。

2. 四棱柱三维动态模型二维码。

3. 六棱柱三维动态模型二维码。

4. 扫描以下产品三维动态二维码，观察其特征，绘制其三视图。

（11）注写标题栏，完成四巧板 A 图纸的抄画，如图 2.1.5 所示。

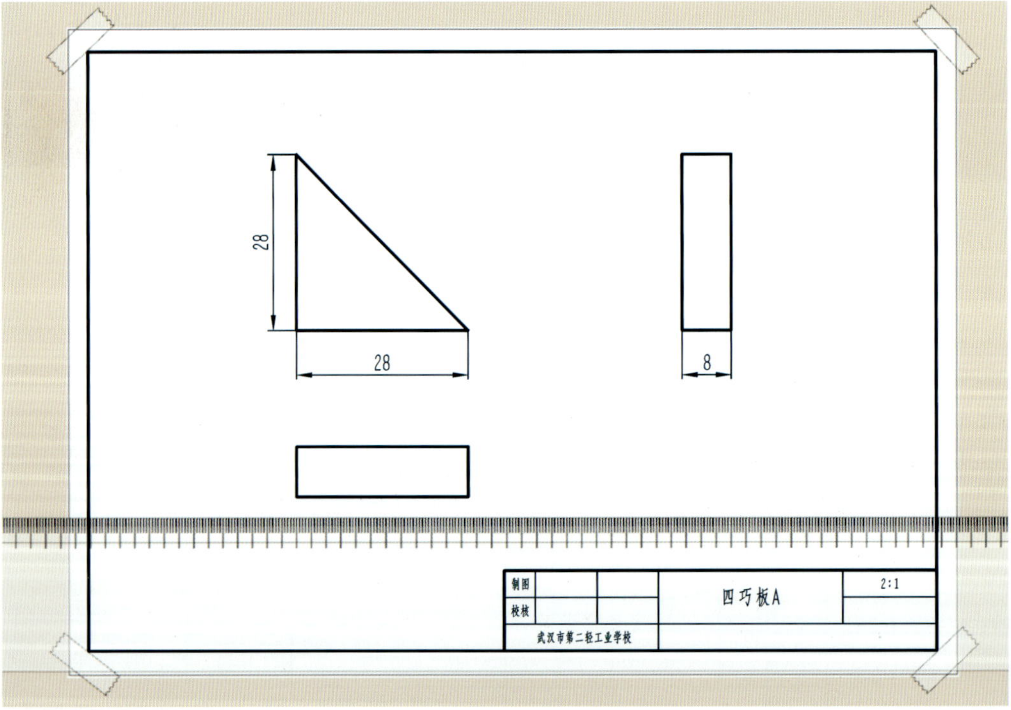

图 2.1.5　标题栏注写参考图

（12）学习【链接知识 F101.2 钳台】。

（13）完成【专项训练 F101.2 钳台】，如表 2.1.5 所示。

表 2.1.5　专项训练 F101.2 钳台

序号	训练内容	备注
1	判断下列说法是否正确,正确的在括号里打"√",错误的打"×"。 (1) 钳工工作台也称为钳台,有单人用和多人用两种,一般用木材或钢材做成。(　　) (2) 钳台的高度为 300～400 mm。(　　) (3) 钳台上的工具可以和量具堆叠放置。(　　) (4) 每天完成工作后应按要求对设备进行清理、保养,并把工作场地打扫干净。(　　) (5) 常用工、量具应放在工作位置附近,便于随时取用,用后及时放回原处,以免损坏。(　　) (6) 量具使用完毕后,可以随意放置在钳台上。(　　)	

拓展学习

扫描以下产品三维动态模型二维码,观察其特征,绘制其三视图。

(14) 学习【链接知识 F101.1 台虎钳】。

(15) 完成【专项训练 F101.1 台虎钳】,如表 2.1.6 所示。

表 2.1.6　专项训练 F101.1 台虎钳

序号	训练内容	备注
1	按下方步骤要求完成台虎钳的装夹,每完成一个步骤,在对应的括号里打上"√"。 步骤 1:检查台虎钳部件是否完整。(　　) 步骤 2:逆时针旋转手柄打开钳口。(　　) 步骤 3:放置工件,将工件的上表面放于高出钳口 5 mm 处,并使其平行于钳口。(　　) 步骤 4:顺时针旋转手柄夹住工件后,将台虎钳扳手再旋转半圈,加大加持力,保证加紧工件。(　　) 步骤 5:检查工件是否夹紧固定不动。(　　)	

序号	训练内容	备注
2	请参考提示词，在横线上填写正确答案。 锯削工件时，工件要夹在台虎钳的________，钳口伸出不宜过长或过短，一般锯缝离开钳口侧面约________，要防止工件________确保便于操作，锯缝线与钳口侧面________。 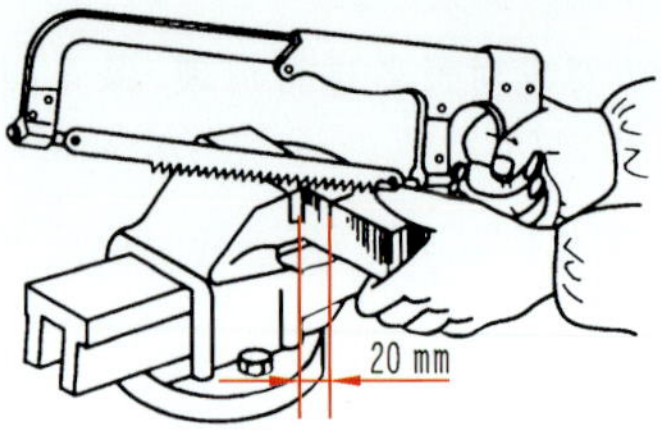 提示词： 左边　20 mm　垂直　平行　50 mm　抖动	
3	判断下列装夹工件注意要点是否正确，正确的在括号里打“√”，错误的打“×”。 (1) 台虎钳必须正确、牢固地安装在钳台上。(　　) (2) 用手旋紧手柄来夹紧工件，可以用套筒接长手柄加力或用手锤敲击手柄。(　　) (3) 不要在活动的钳身表面进行敲打，以免损坏与固定钳身的配合性能。(　　)	

(16) 学习【链接知识 F401.1 锉刀】。

(17) 完成【专项训练 F401.1 锉刀】，如表 2.1.7 所示。

表 2.1.7　专项训练 F401.1 锉刀

序号	训练内容	备注
1	根据锉刀的断面形状，写出锉刀的名称。 (1) 锉刀名称：______________。 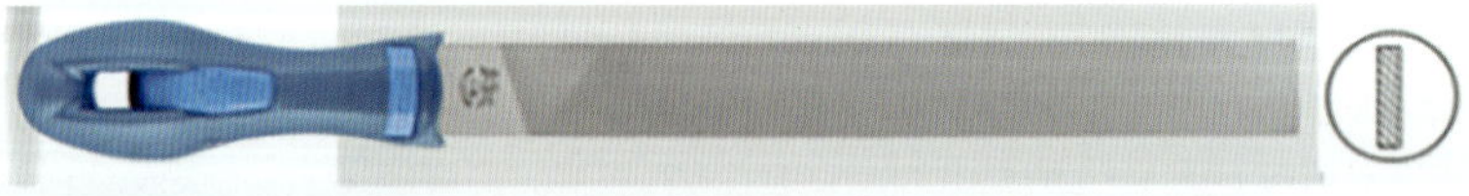 (2) 锉刀名称：______________。 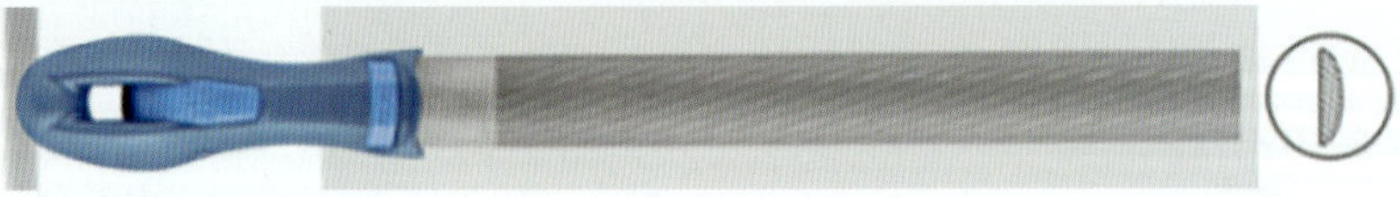	

续表

序号	训练内容	备注
1	(3) 锉刀名称：____________。 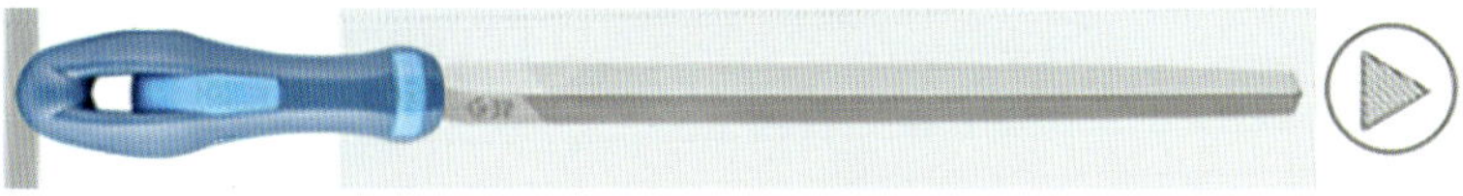 (4) 锉刀名称：____________。 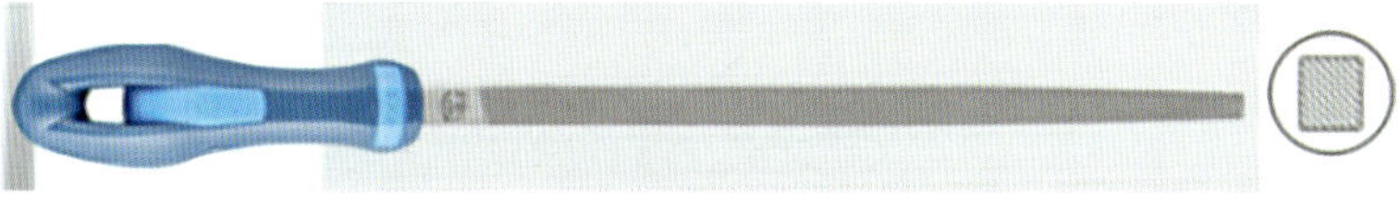 (5) 锉刀名称：____________。 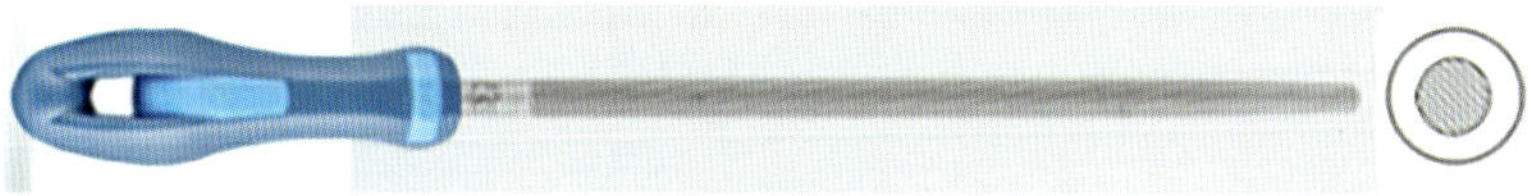	
2	请参考提示词，在横线上填写正确答案。 (1) 使用锉刀加工时，最高加工精度可达 IT7～______级，表面粗糙度可达 Ra＝______。 (2) 锉刀的五个组成部分为：锉刀面、______、______、______、木柄。 (3) 锉刀按齿纹粗细可分为粗齿、中齿、______、粗油光(双细齿)、细油光五种。 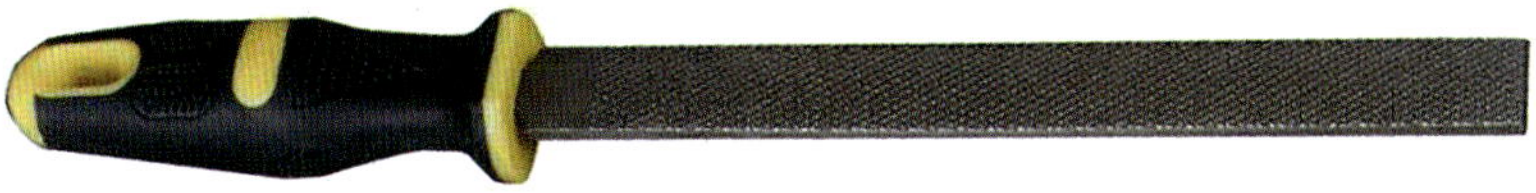 提示词： 平齿　锉刀边　IT8　0.8 μm　锉刀舌 IT9　锉刀顶　细齿　锉刀尾　0.3 μm	

拓展学习

扫描以下产品三维动态模型二维码，观察其特征，绘制其三视图。

（18）学习【链接知识 F402.1 基本锉削方法】。

（19）完成【专项训练 F402.1 基本锉削方法】，如表 2.1.8 所示。

表 2.1.8　专项训练 F402.1 基本锉削方法

序号	训练内容	备注
1	将下列各图与对应的文字进行连线。 推锉 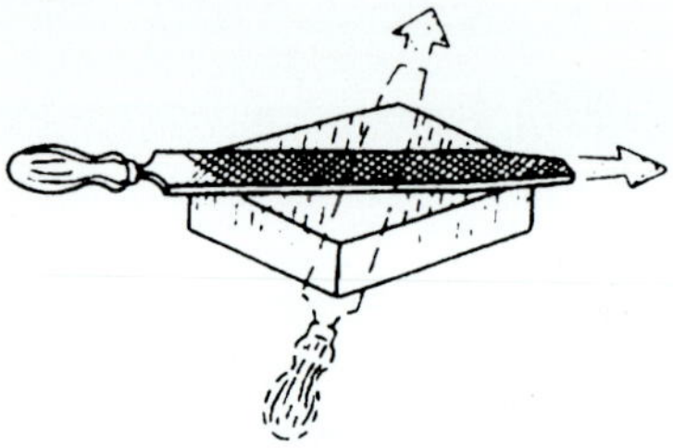 交叉锉 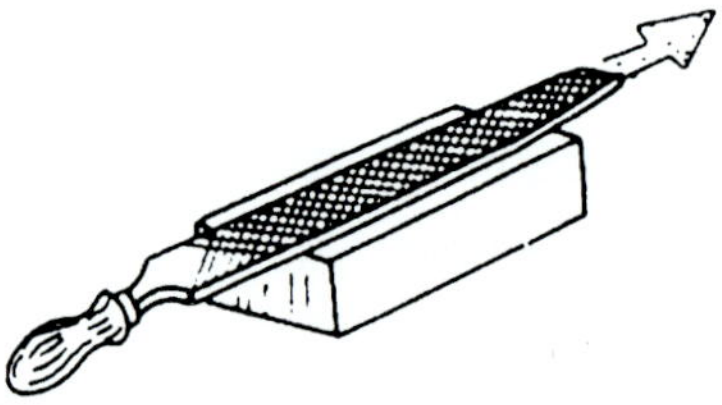 顺向锉 	

续表

序号	训练内容	备注
2	将下列各图与对应的文字进行连线。 锉削开始 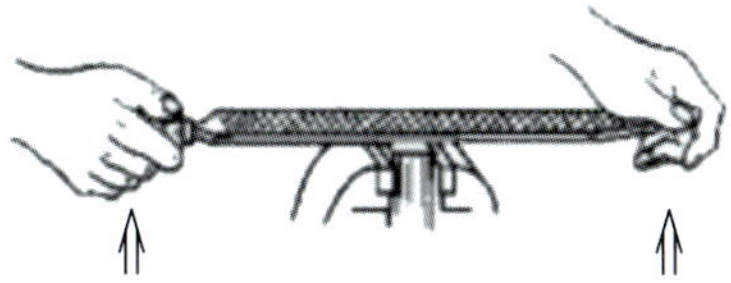 锉削中程 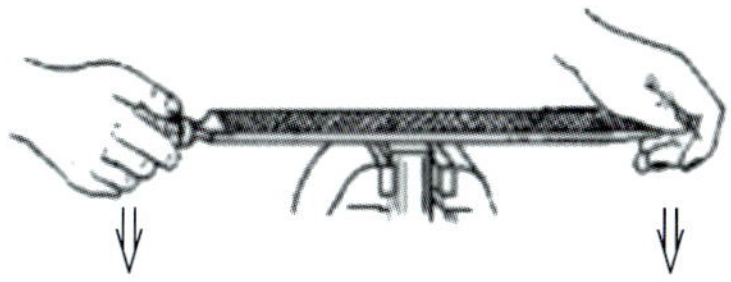 锉削终结 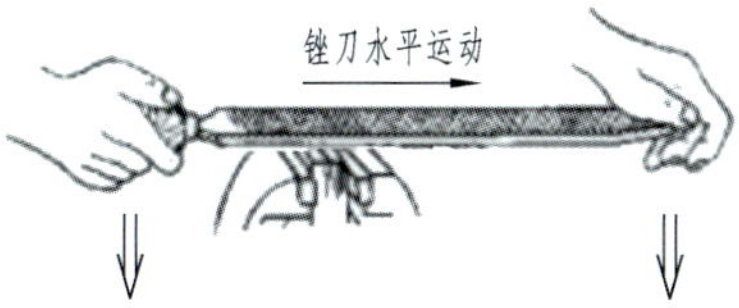 锉刀返回 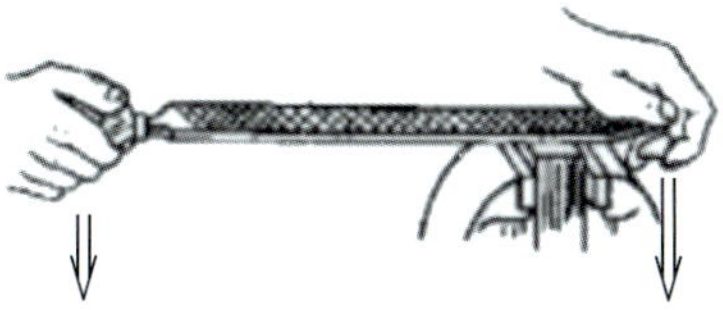	

续表

序号	训练内容	备注
3	请在横线上填写合适的角度。  (a) 开始锉削  (b) 锉刀推出1/3的行程 图(a)中 α 一般为________度　图(b)中 α 一般为________度  (c) 锉刀推出2/3的行程  (d) 锉刀行程推尽时 图(c)中 α 一般为________度　图(d)中 α 一般为________度	
4	锉削姿势 PK：请对小组其他成员的锉削姿势进行评价，选出锉削姿势最标准的同学，评价等级分为 A(标准)、B(一般)、C(较差)。	
	小组成员 1　姓名：　　　　评价等级：	
	小组成员 2　姓名：　　　　评价等级：	
	小组成员 3　姓名：　　　　评价等级：	
	小组成员 4　姓名：　　　　评价等级：	
	小组成员 5　姓名：　　　　评价等级：	
	小组成员 6　姓名：　　　　评价等级：	

拓展学习

扫描以下产品三维动态模型二维码，观察其特征，绘制其三视图。

（20）学习【链接知识 C401.9 直角尺】。

（21）完成【专项训练 C401.9 直角尺】，如表 2.1.9 所示。

表 2.1.9　专项训练 C401.9 直角尺

序号	训练内容	备注
1	请圈出图中的直角尺。 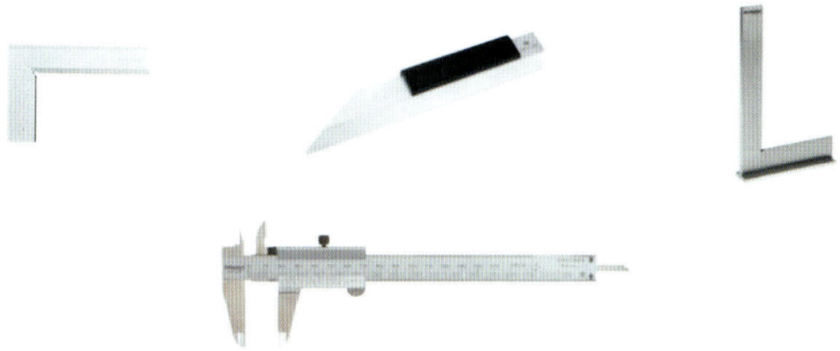	
2	请将正确答案的字母填入括号内。 （1）测量时，如果角尺的测量面与被检验面无光隙，说明被检验角度________。 A. 大于 90°　　B. 小于 90°　　C. 等于 90° （2）角尺是一种专业量具，角尺测量时常用比较测量法，公称角度为________，故称为直角尺。 A. 180°　　B. 90°　　C. 45° （3）使用直角尺测量时，根据________的大小判定被检验角的数值。 A. 光隙　　B. 边缘　　C. 角度	

续表

<table>
<tr><th>序号</th><th>训 练 内 容</th><th>备注</th></tr>
<tr><td>3</td><td>请参考提示语，在直角尺检测图下面的括号中填写正确答案。

（　　　　　　　　）（　　　　　　　　）

（　　　　　　　　）（　　　　　　　　）
提示语：
垂直度合格，可进行下一步
垂直度不合格，需要修锉中间凸起
垂直度不合格，需要修锉左边凸起
垂直度不合格，需要修锉右边凸起
垂直度不合格，需要修锉两边凸起</td><td></td></tr>
<tr><td>4</td><td>请将正确答案的字母填入括号内(多选题)。
下面关于直角尺的描述中，正确的是（　　　　　）。
A. 刀口直角尺是专业的直角测量工具，测量面为刀口形状，适合于检测工件平面对基面的垂直度误差。
B. 使用刀口直角尺时应避免剧烈碰撞及敲打任何部位，以免造成变形，影响测量精度。
C. 在进行测量时，被测工件测量基面需与刀口形直角尺测量基面重合。
D. 刀口直角尺使用完毕后，应擦拭干净，将整个外表面，尤其是测量面及测量基面，涂上防锈油，包上防锈纸，然后放回包装盒内。
E. 使用刀口直角尺时可用一只手操作，用工作棱边轻轻与被侧面接触，凭刀口直角尺的自重使其工作棱边与被测面紧密接触，允许给刀口直角尺施加压力。
F. 应避免接触腐蚀性及磁性物质，以防止测量面损坏及造成测量结果不准确。</td><td></td></tr>
</table>

（22）锉削两个互相垂直的基准平面，并使用角尺检测，如图 2.1.6 所示。

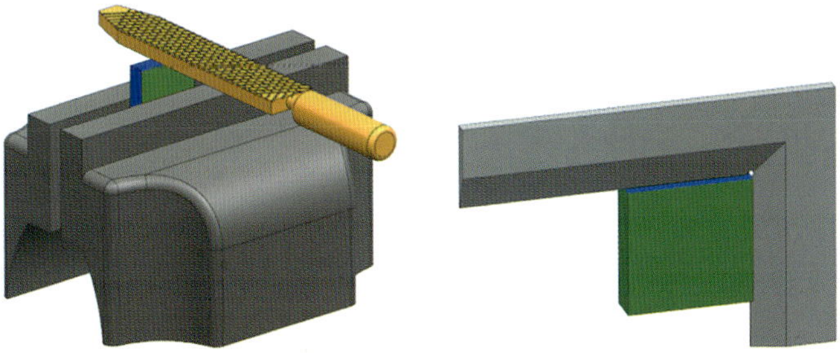

图 2.1.6　锉削、检测基准面示意图

（23）学习【链接知识 F202.1 钢直尺划线】。

（24）完成【专项训练 F202.1 钢直尺划线】，如表 2.1.10 所示。

表 2.1.10　专项训练 F202.1 钢直尺划线

序号	训练内容	备注
1	请在横线上填写图中工具的名称。 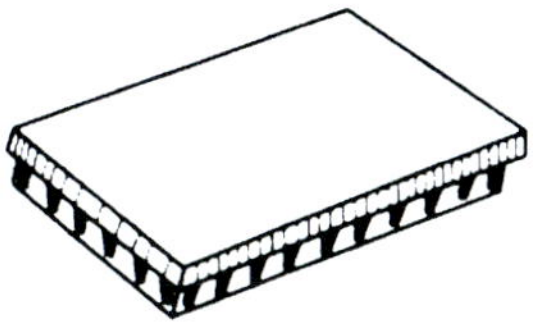 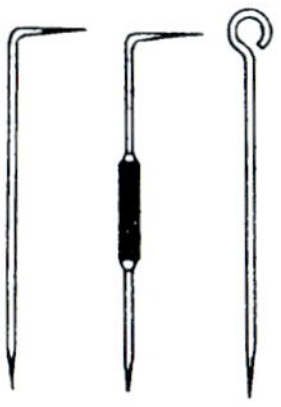  名称：________　名称：________　名称：________	
2	请对以下步骤进行排序，并在括号中填写相应的字母。 A. 看清、看懂图样，详细了解工件上需要划线的部位，明确与工件及其划线有关的作用和要求，了解有关加工工艺。 B. 正确安放工件和选用划线工具。 C. 初步检查毛坯的误差情况，给毛坯涂色。 D. 对照图样检查划线的准确性，看是否遗漏。 E. 选定划线基准。 F. 划线。 正确的划线步骤为：（　　）→（　　）→（　　）→（　　）→（　　）→（　　）。	

续表

<table>
<tr><th>序号</th><th>训 练 内 容</th><th>备注</th></tr>
<tr><td>3</td><td>
请参考提示词，在横线上填写工具的名称。

名称：________

名称：________

名称：________

名称：________

名称：________

名称：________
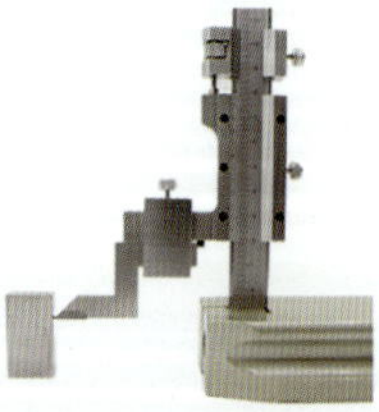
名称：________
提示词：
样冲　千斤顶　划规　钢号码　划针
锤子　钢直尺　划线平台　高度尺　靠铁
</td><td></td></tr>
</table>

续表

序号	训练内容	备注
4	判断下列说法是否正确，正确的在括号里打“√”，错误的打“×”。 （1）使用划针时，应使针尖紧靠导向工具的边缘，上部向外侧倾斜 15°～20°，向划线移动方向倾斜 45°～75°，划线时要尽量做到 3 次以内划成。（　　） （2）划规的使用要点：划规两脚的长短要磨得稍有不同，两脚合拢时能靠紧，划圆时，作为旋转中心的一脚应加以较大的压力，另一脚则以较轻的压力在工作表面上划出圆或圆弧。（　　） （3）使用划线平台时，不允许在平板上进行敲击或拆装作业，划线时工具和工件应稳拿轻放，长期不用时应涂油防锈并加防护。（　　） （4）样冲用于在所划加工界线上和圆、圆弧的中心打样冲眼，以加深划线标记，便于加工或钻孔时定心。它常用工具钢制成并淬硬，冲尖应磨成 30°～50°的锥角。（　　）	
5	模拟划线，在下面的板材示意图上画出底和高均为 28 mm 的直角三角形。 	

拓展学习

扫描以下产品三维动态模型二维码，观察其特征，绘制其三视图。

(25) 在工件表面划线，如图 2.1.7 所示。

图 2.1.7　划线示意图

(26) 学习【链接知识 F302.1 基本锯削方法】。

(27) 完成【专项训练 F302.1 基本锯削方法】，如表 2.1.11 所示。

表 2.1.11　专项训练 F302.1 基本锯削方法

序号	训练内容	备注
1	请将材料与其适合的锯条进行连线。 粗齿锯条　　　　软材料 中齿锯条　　　　硬材料 细齿锯条　　　　中等硬度材料 　　　　　　　　薄材料 　　　　　　　　厚材料	
2	请在正确的锯条安装示意图下方的括号中打“√”。 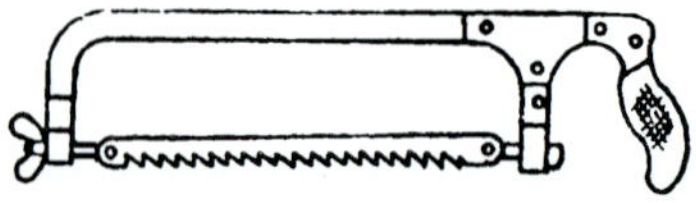 (　　) 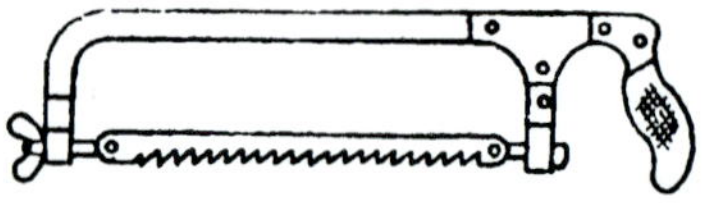 (　　)	
3	请将正确答案的字母填入括号内。 起锯角 α 一般为(　　)。 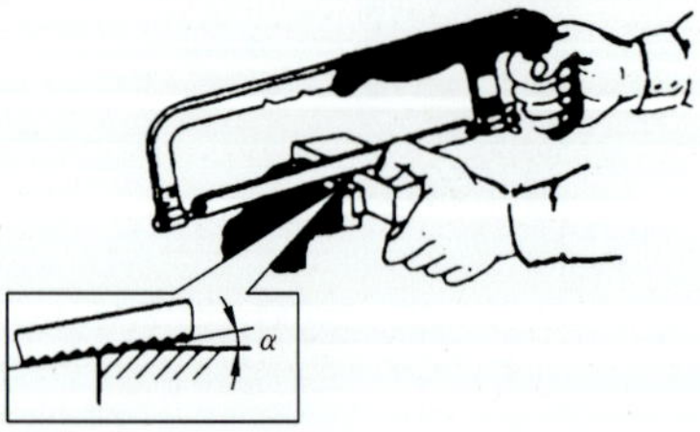 A. 2°　　B. 45°　　C. 15°	

（28）锯削多余材料，如图 2.1.8 所示。

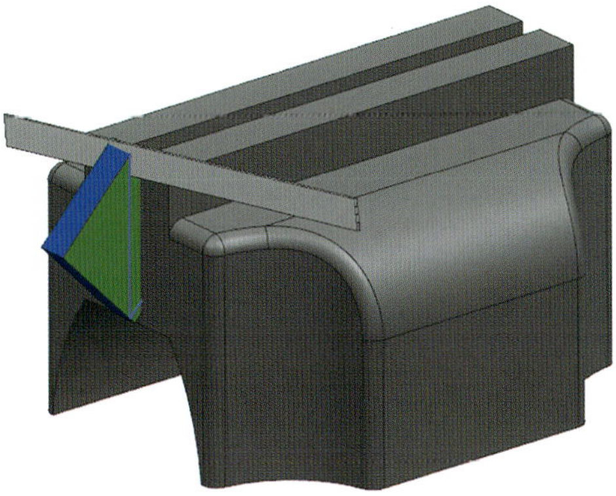

图 2.1.8　锯削多余材料示意图

（29）按图纸尺寸锉削锯断面，完成四巧板 A 的制作，如图 2.1.9 所示。

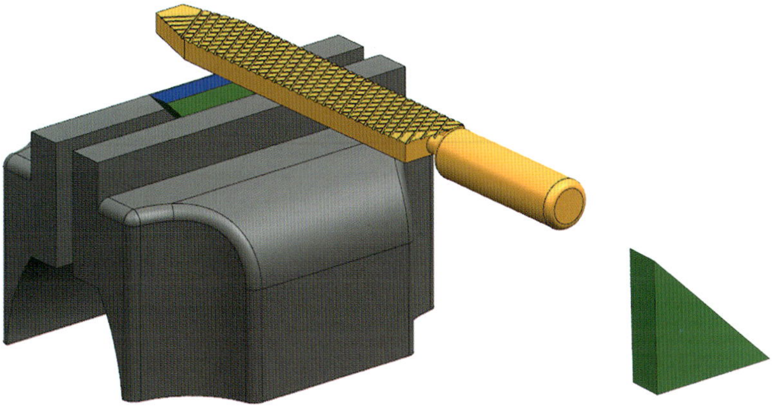

图 2.1.9　锯断面锉削及四巧板 A 成品示意图

拓展学习

扫描以下产品三维动态模型二维码，观察其特征，绘制其三视图。

【任务评价】

完成【任务 1 制作四巧板 A】后，请如实填写表 2.1.12 和表 2.1.13。

表 2.1.12 【制作四巧板 A】任务评价表

评价项目	评价标准	评价等级		
图板	清洁且使用规范	A □	B □	C □
丁字尺	清洁且使用规范	A □	B □	C □
铅笔	使用规范	A □	B □	C □
三角尺	清洁且使用规范	A □	B □	C □
手绘	掌握方法	A □	B □	C □
划线操作	操作规范	A □	B □	C □
锯削操作	操作规范、高效	A □	B □	C □
锉削操作	操作规范、高效	A □	B □	C □

表 2.1.13 【制作四巧板 A】8S 评价表

序号	项目	自评	组长评价	教师评价
1	整理(SEIRI)	A□ B□ C□	A□ B□ C□	A□ B□ C□
2	整顿(SEITON)	A□ B□ C□	A□ B□ C□	A□ B□ C□
3	清扫(SEISO)	A□ B□ C□	A□ B□ C□	A□ B□ C□
4	清洁(SEIKETSU)	A□ B□ C□	A□ B□ C□	A□ B□ C□
5	素养(SHITSUKE)	A□ B□ C□	A□ B□ C□	A□ B□ C□
6	安全(SAFETY)	A□ B□ C□	A□ B□ C□	A□ B□ C□
7	节约(SAVE)	A□ B□ C□	A□ B□ C□	A□ B□ C□
8	学习(STUDY)	A□ B□ C□	A□ B□ C□	A□ B□ C□

注：评价等级中的“A”对应“好”、“B”对应“一般”、“C”对应“差”。

学生：________ 组长：________ 教师：________

任务 2　制作四巧板 B

【任务描述】

抄画如图 2.2.1 所示的四巧板 B 的图纸，并使用毛坯完成四巧板 B 的制作，毛坯的尺寸可参考图 2.2.2。

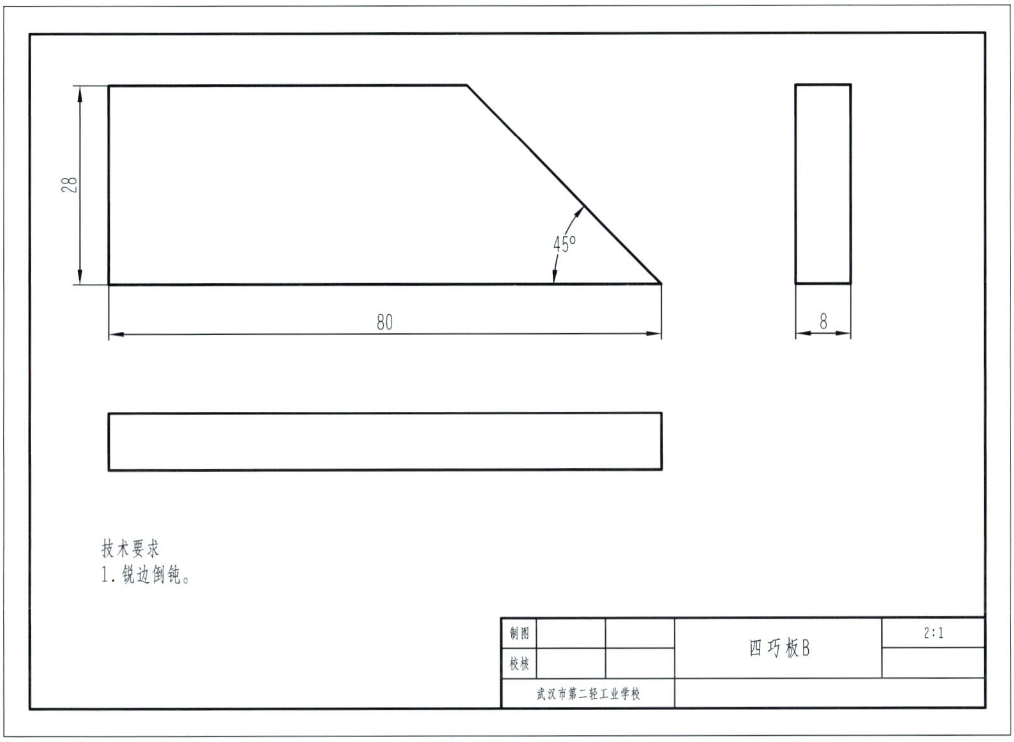

图 2.2.1　四巧板 B 的图纸

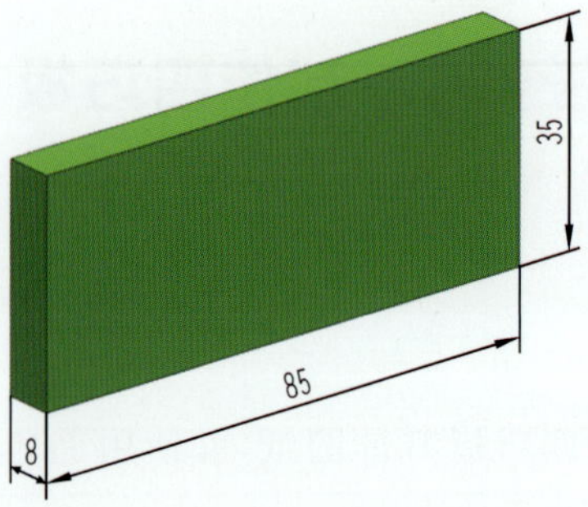

图 2.2.2　四巧板 B 毛坯的三维模型图

【知识目标】

(1) 高度游标卡尺(C401.3);

(2) 游标卡尺(C401.2);

(3) 游标万能角度尺(C401.8)。

【技能目标】

(1) 高度游标卡尺的使用;

(2) 游标万能角度尺的使用。

【任务准备】

游标卡尺、A4 绘图纸、图板、丁字尺、三角板、铅笔、橡皮、剪刀、透明胶、钢直尺、游标卡尺、角尺、划线平台、高度游标卡尺、游标万能角度尺、划针、锯弓、锉刀等。

【任务实施】

(1) 抄画出四巧板 B 的三视图,并标注尺寸,如图 2.2.3 所示。

(2) 注写技术要求和标题栏,如图 2.2.4 所示。

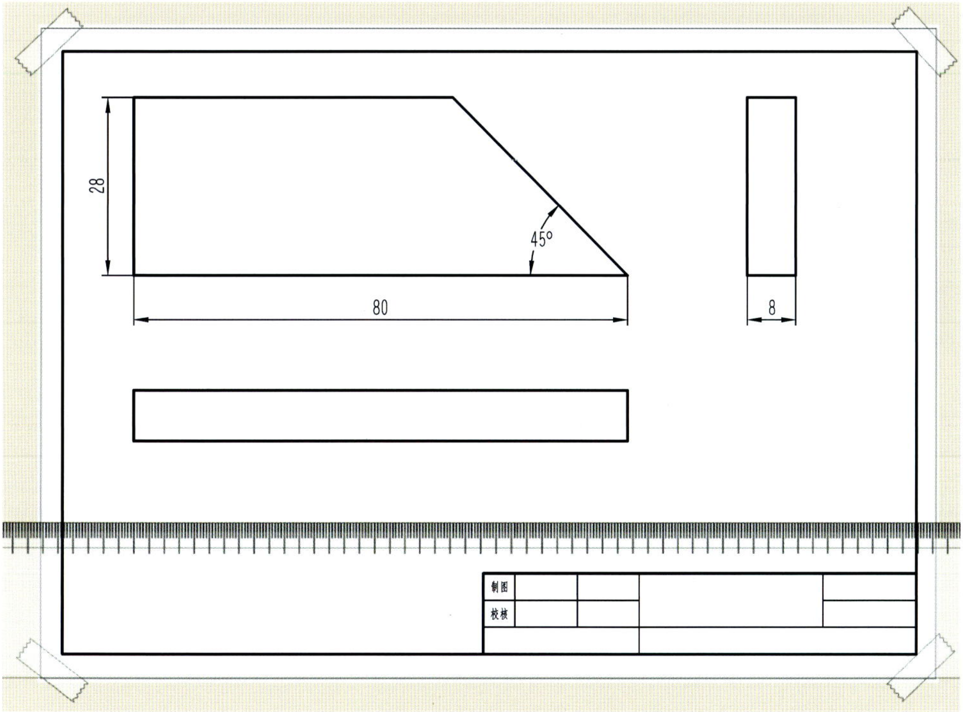

图 2.2.3　四巧板 B 的三视图

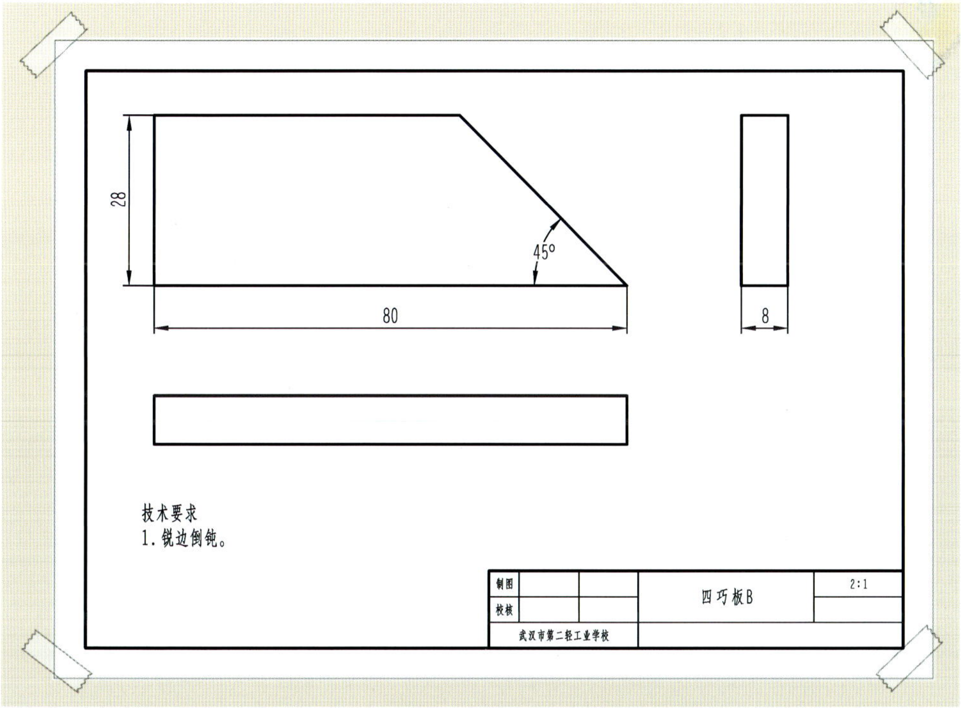

图 2.2.4　注写技术要求和标题栏参考图

(3) 锉削基准面,并使用角尺检测,如图 2.2.5 所示。

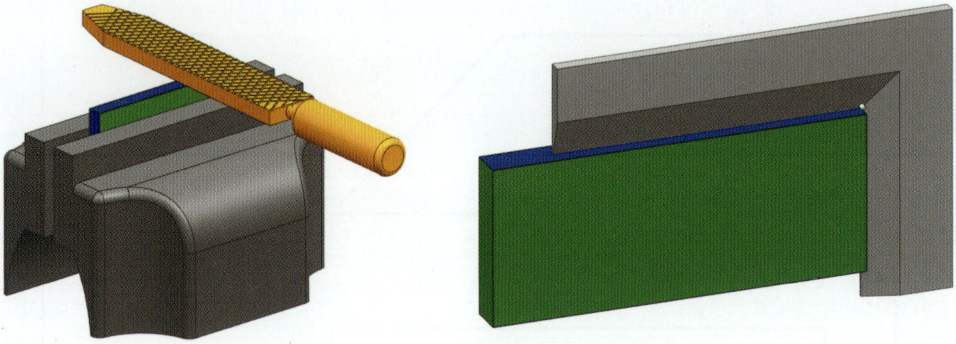

图 2.2.5 锉削、检测基准面示意图

(4) 学习【链接知识 C401.3 高度游标卡尺】。

(5) 完成【专项训练 C401.3 高度游标卡尺】,如表 2.2.1 所示。

表 2.2.1 专项训练 C401.3 高度游标卡尺

序号	训练内容	备注
1	请在方格中填写高度游标卡尺各部分的名称。 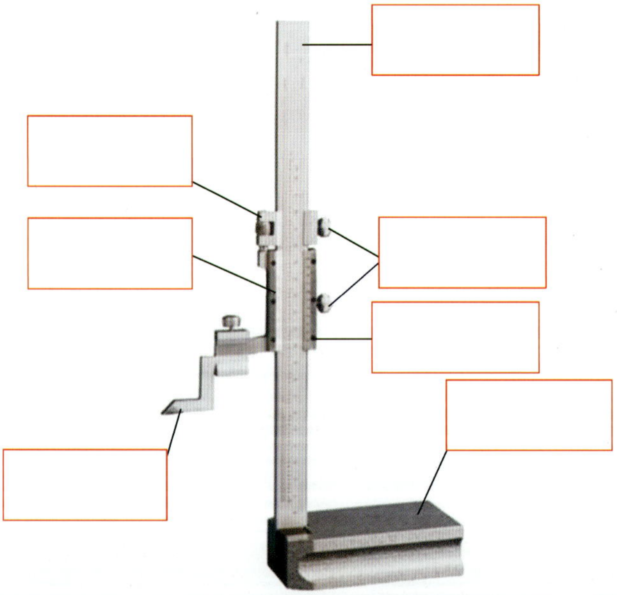	
2	判断下列操作要点是否正确,正确的在括号里打"√",错误的打"×"。 (1) 量爪的测量面上镶有硬质合金,划线时应注意不要撞击工件。(　　) (2) 在同一平台的平面上,主尺的零线与游标的零线应相互对准。(　　) (3) 用高度游标卡尺划线时,应先调好划线高度,用紧固螺钉把尺框锁紧后,再划线。(　　)	

拓展学习

1. 四巧板B三维动态模型二维码。

2. 扫描以下产品三维动态模型二维码，观察其特征，绘制其三视图。

(6) 使用高度游标卡尺划线，如图 2.2.6 所示。

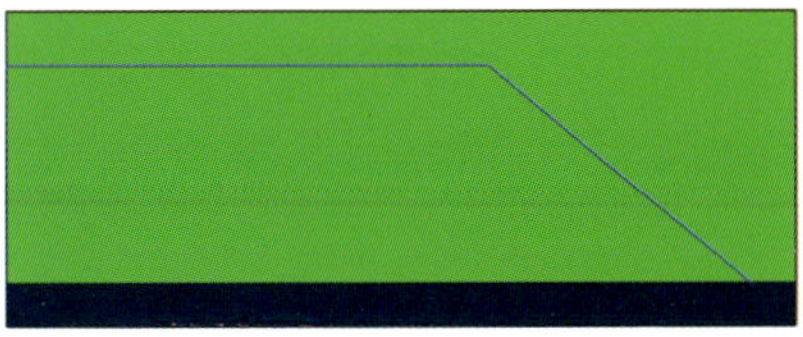

图 2.2.6　划线示意图

(7) 锯削多余材料，如图 2.2.7 所示。

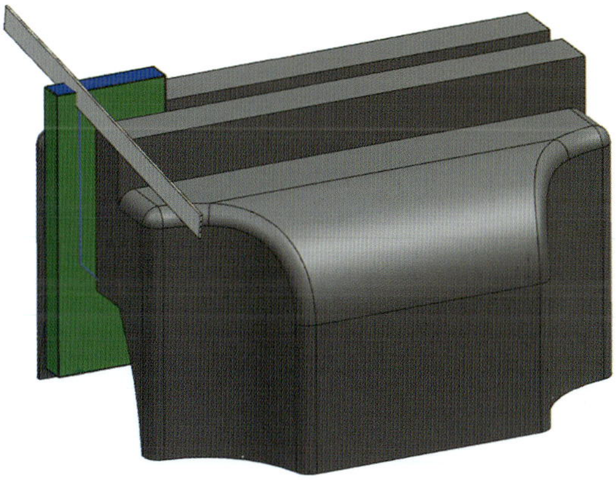

图 2.2.7　锯削多余材料示意图

(8) 学习【链接知识 C401.2 游标卡尺】。

(9) 完成【专项训练 C401.2 游标卡尺】，如表 2.2.2 所示。

表 2.2.2　专项训练 C401.2 游标卡尺

<table>
<tr><th>序号</th><th>训练内容</th><th>备注</th></tr>
<tr><td>1</td><td>

请在横线上填写图中游标卡尺各部分的名称。

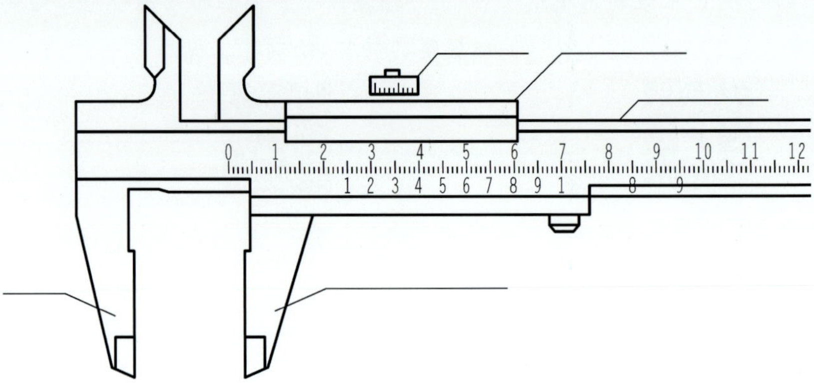

</td><td></td></tr>
<tr><td>2</td><td>

请在横线上填写游标卡尺显示的数值。

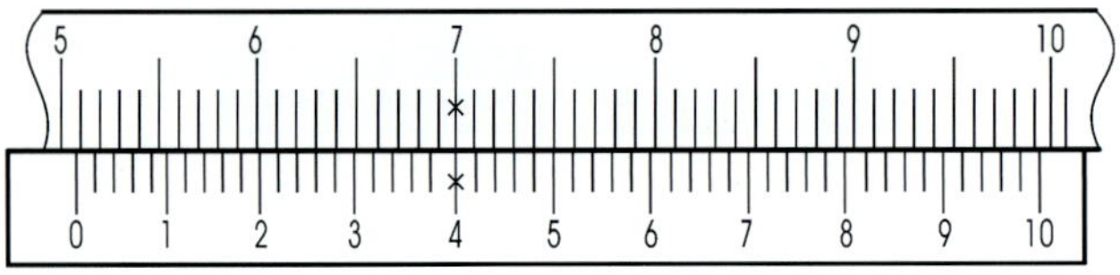

数值：__________

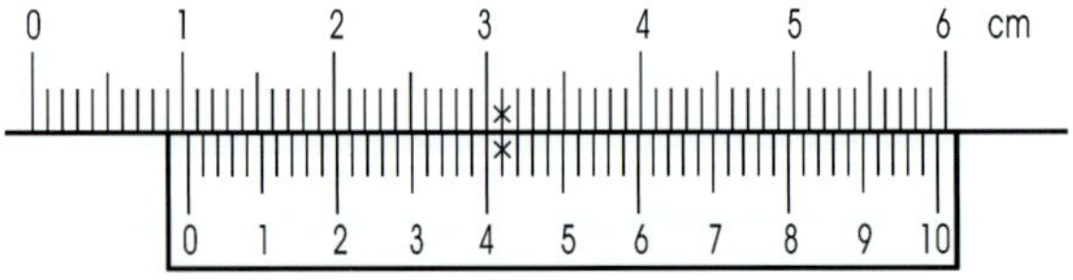

数值：__________

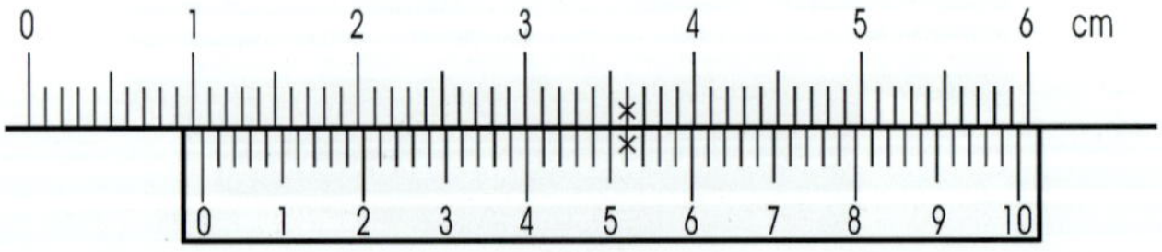

数值：__________

</td><td></td></tr>
</table>

拓展学习

扫描以下产品三维动态模型二维码，观察其特征，绘制其三视图。

（10）学习【链接知识 C401.8 游标万能角度尺】。

（11）完成【专项训练 C401.8 游标万能角度尺】，如表 2.2.3 所示。

表 2.2.3　专项训练 C401.8 游标万能角度尺

<table>
<tr><th>序号</th><th>训练内容</th><th>备注</th></tr>
<tr><td>1</td><td>请在横线上填写游标万能角度尺各部分的名称。
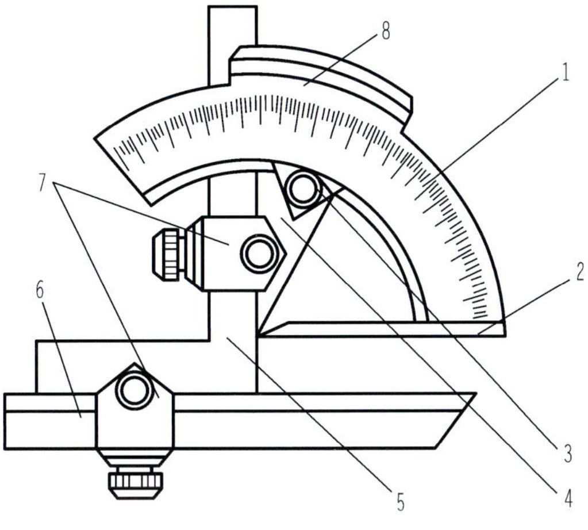

1. ________　2. ________　3. ________　4. ________
5. ________　6. ________　7. ________　8. ________</td><td></td></tr>
<tr><td>2</td><td>请在横线上填写游标万能角度尺显示的数值。
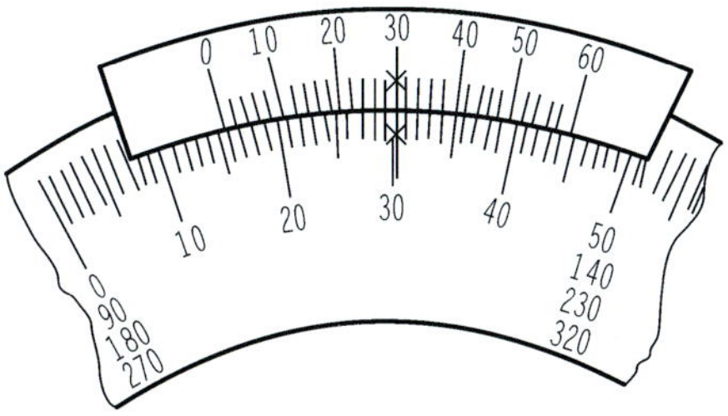

数值：________</td><td></td></tr>
</table>

序号	训练内容	备注
2	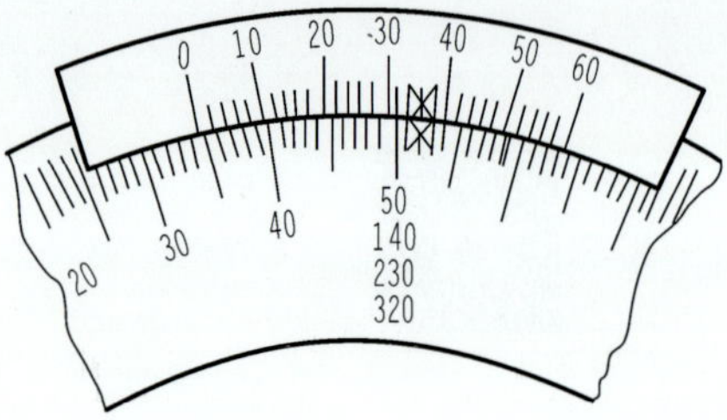 数值：__________	

（12）按图纸尺寸锉削锯断面，完成四巧板 B 的制作。如图 2.2.8 所示。

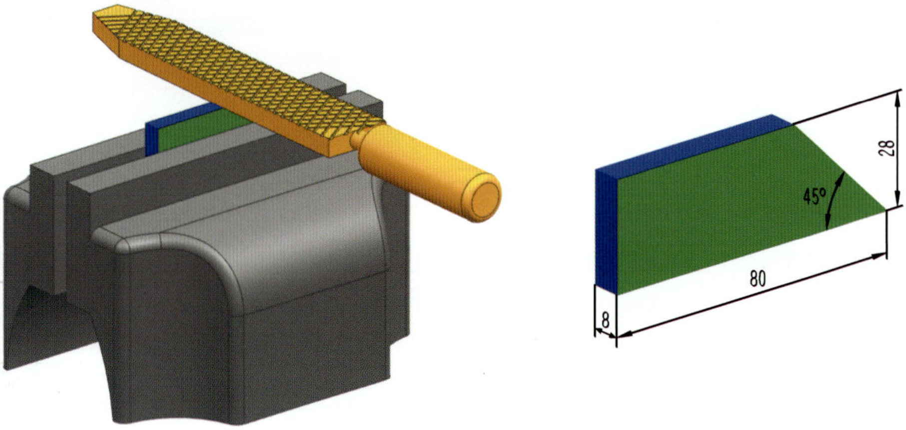

图 2.2.8　锯断面锉削及四巧板 B 成品示意图

拓展学习

扫描以下产品三维动态模型二维码，观察其特征，绘制其三视图。

【任务评价】

完成【任务 2 制作四巧板 B】后，请如实填写表 2.2.4 和表 2.2.5。

表 2.2.4 【制作四巧板 B】任务评价表

评价项目	评价标准	评价等级		
尺寸标注	规范有序	A □	B □	C □
字迹	工整美观	A □	B □	C □
图纸	平整干净	A □	B □	C □
高度游标卡尺	正确使用、操作规范	A □	B □	C □
游标卡尺	正确使用、操作规范	A □	B □	C □
游标万能角度尺	正确使用、操作规范	A □	B □	C □
划线	正确使用、操作规范	A □	B □	C □
锯削操作	操作规范	A □	B □	C □
锉削操作	操作规范、高效	A □	B □	C □
工作表	按时、规范、正确	A □	B □	C □

表 2.2.5 【制作四巧板 B】8S 评价表

序号	项目	自评	组长评价	教师评价
1	整理(SEIRI)	A□ B□ C□	A□ B□ C□	A□ B□ C□
2	整顿(SEITON)	A□ B□ C□	A□ B□ C□	A□ B□ C□
3	清扫(SEISO)	A□ B□ C□	A□ B□ C□	A□ B□ C□
4	清洁(SEIKETSU)	A□ B□ C□	A□ B□ C□	A□ B□ C□
5	素养(SHITSUKE)	A□ B□ C□	A□ B□ C□	A□ B□ C□
6	安全(SAFETY)	A□ B□ C□	A□ B□ C□	A□ B□ C□
7	节约(SAVE)	A□ B□ C□	A□ B□ C□	A□ B□ C□
8	学习(STUDY)	A□ B□ C□	A□ B□ C□	A□ B□ C□

注：评价等级中的“A”对应“好”、“B”对应“一般”、“C”对应“差”。

学生：__________ 组长：__________ 教师：__________

任务 3　制作四巧板 C

【任务描述】

请使用图 2.3.1 所示的毛坯，完成图 2.3.2 所示的四巧板 C 的制作，并绘制其图纸。

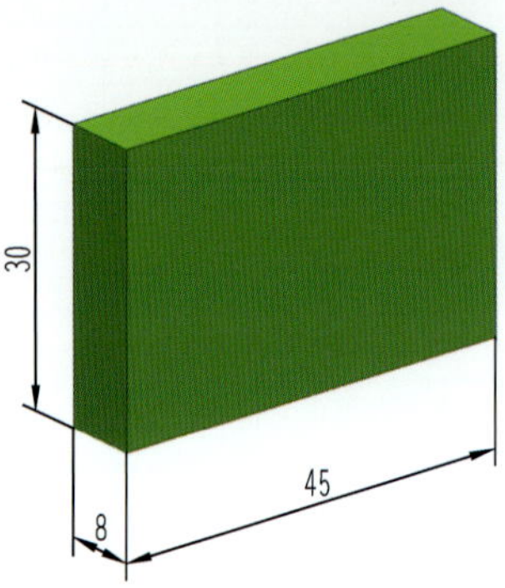

图 2.3.1　毛坯的三维模型图

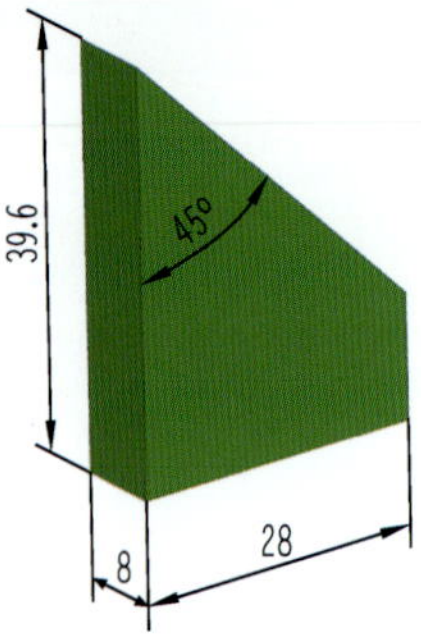

图 2.3.2　四巧板 C 的三维模型图

【知识目标】

几何公差基本要求和标注方法(C202)。

【技能目标】

几何公差的标注。

【任务准备】

游标卡尺、A4 绘图纸、图板、丁字尺、三角板、铅笔、橡皮、剪刀、透明胶、钢直尺、游标卡尺、角尺、划线平台、高度游标卡尺、游标万能角度尺、划针、锯弓、锉刀等。

【任务实施】

(1) 绘制四巧板 C 的三视图,如图 2.3.3 所示。

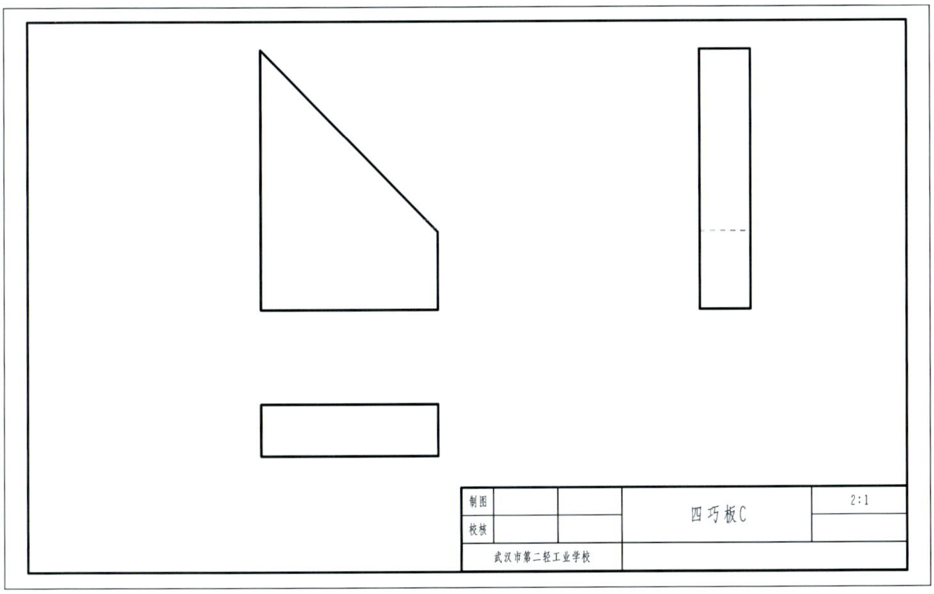

图 2.3.3　四巧板 C 的三视图

(2) 标注尺寸,如图 2.3.4 所示。

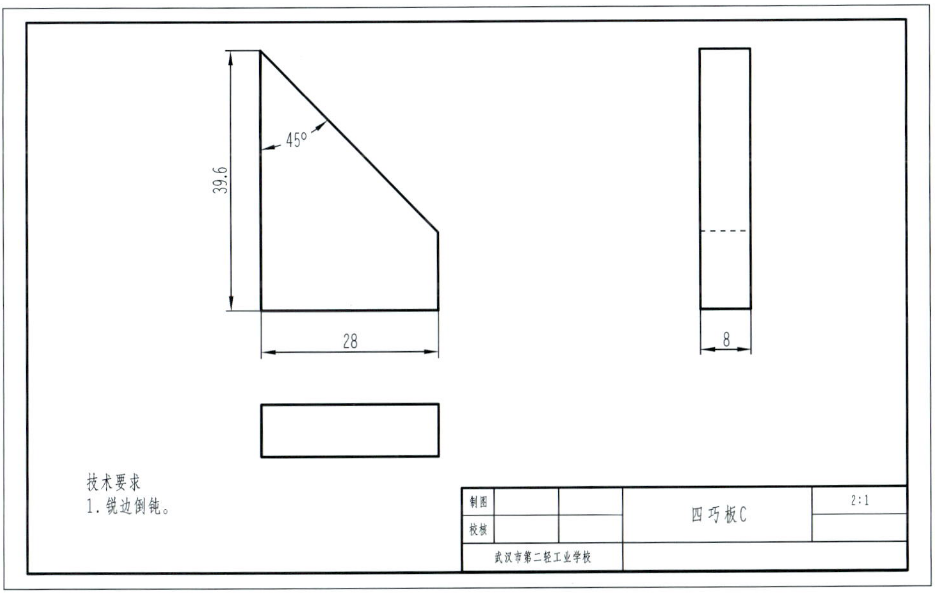

图 2.3.4　四巧板 C 三视图的尺寸标注

（3）学习【链接知识 C202 几何公差基本要求和标注方法】。

（4）完成【专项训练 C202 几何公差基本要求和标注方法】，如表 2.3.1 所示。

表 2.3.1　专项训练 C202 几何公差基本要求和标注方法

序号	训练内容	备注
1	请在括号中填写几何公差标注各部分的名称。 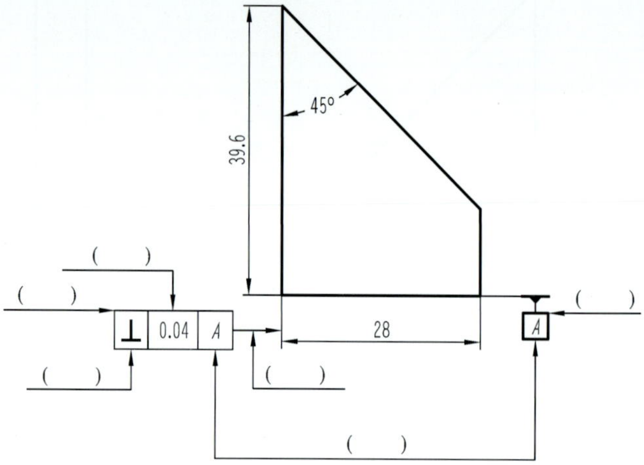 	
2	填空题。 （1）带箭头的指引线可从框格任一端引出并垂直于框格，但不可同时从两端引出，即只能引出________条指引线，弯折次数不能超过________次。 （2）画出下列几何特征符号。 直线度：________　　平面度：________ 圆　度：________　　圆柱度：________ 倾斜度：________　　对称度：________ 同心度：________　　同轴度：________	
3	请圈出下方的几何公差标注错误，并直接在图上进行改正。 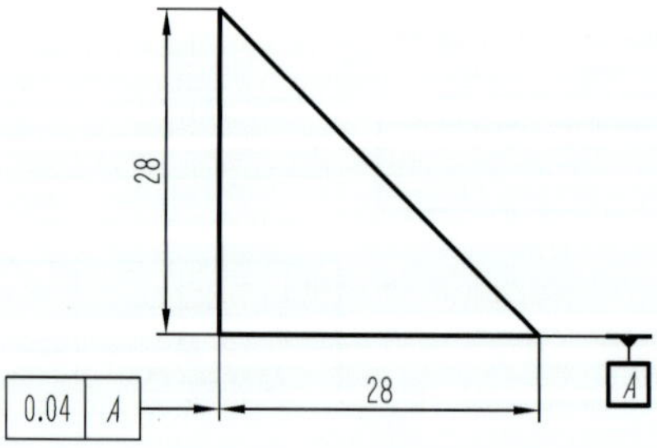 	

续表

序号	训 练 内 容	备注
3	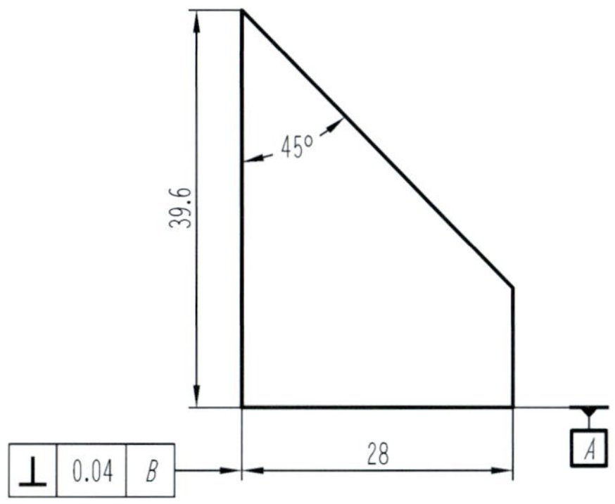	
4	请将下列几何公差要求标注在图上。 (1) 工件的面 B 相对于面 A 的垂直度公差不大于 0.03 mm。 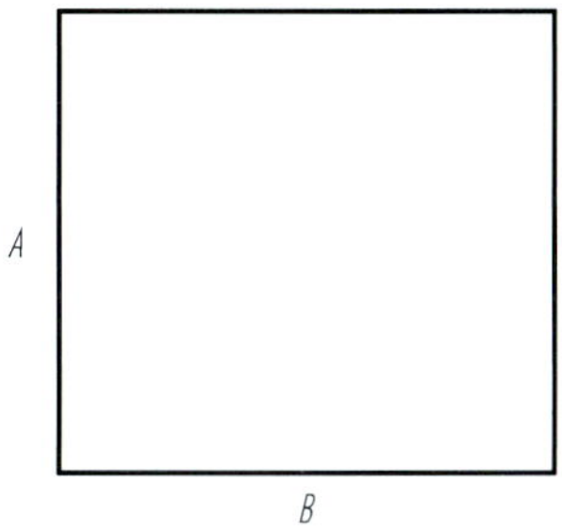 (2) 工件的面 B 相对于面 A 的平行度公差不超过 0.03 mm。 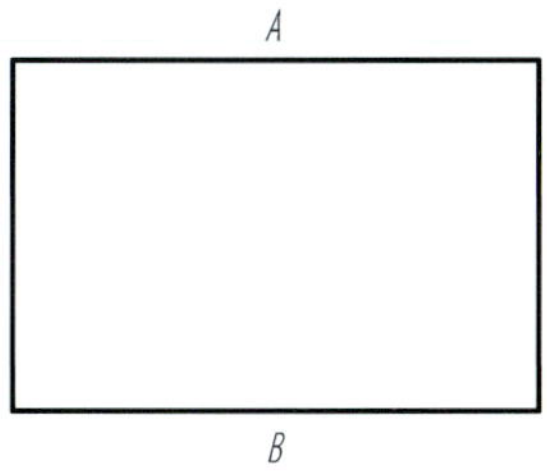	

项目二 四巧板的制作与绘图

（5）完成四巧板 C 图纸的绘制，如图 2.3.5 所示。

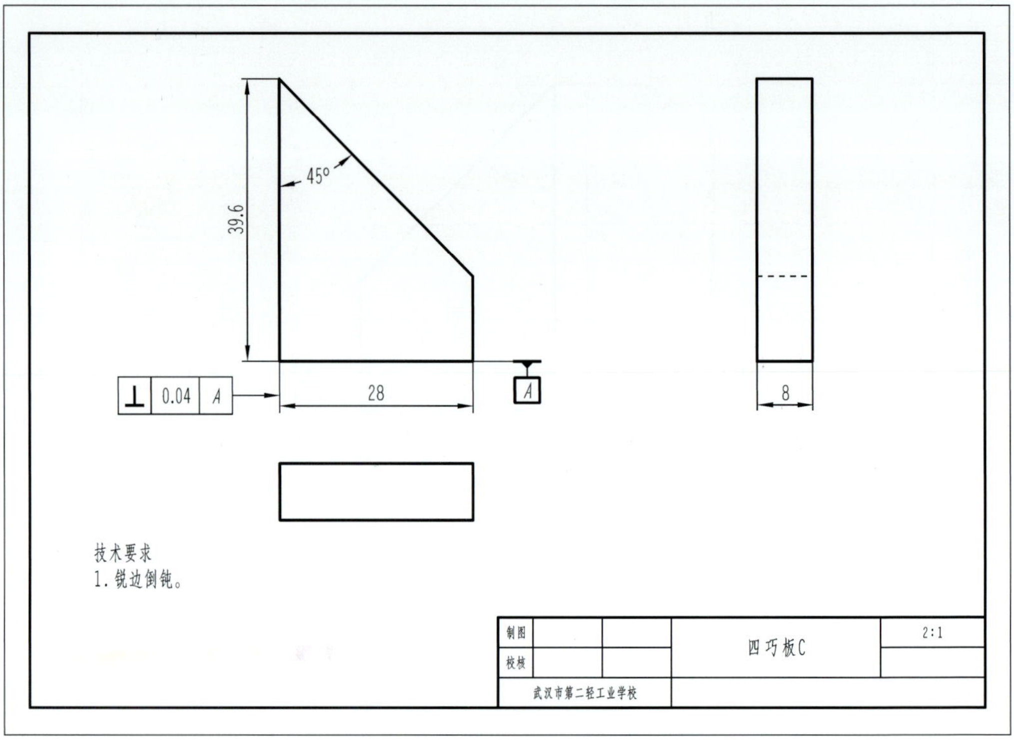

图 2.3.5 四巧板 C 的图纸

（6）锉削两个垂直基准面，如图 2.3.6 所示。

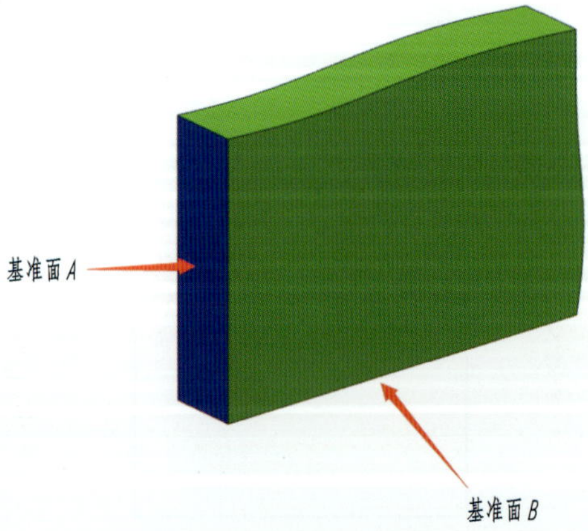

图 2.3.6 基准面示意图

（7）使用直角尺检测垂直度，如图 2.3.7 所示 。

（8）在工件表面划线，如图 2.3.8 所示。

（9）锯削多余材料，如图 2.3.9 所示。

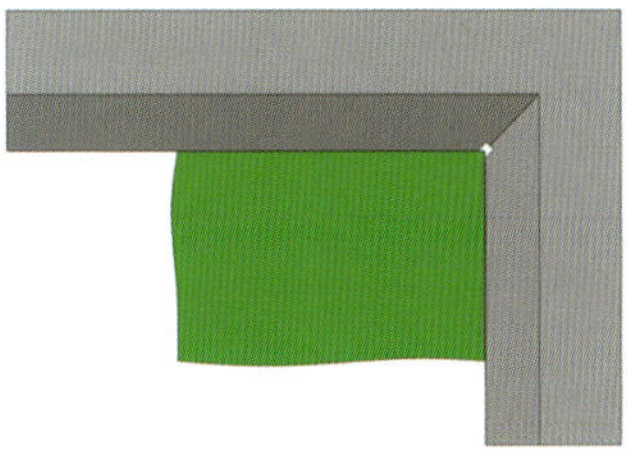

图 2.3.7　直角尺检测示意图

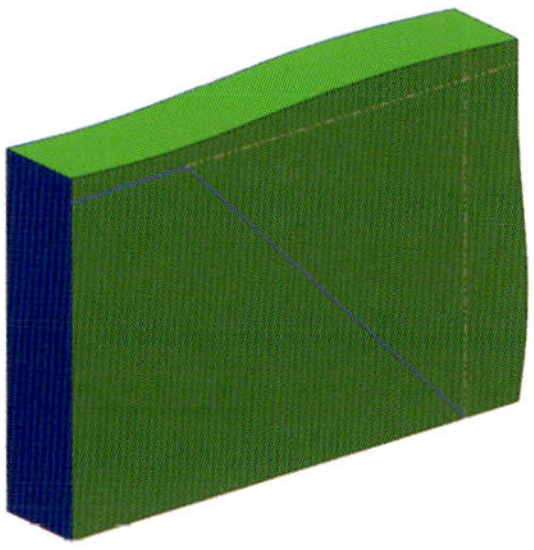

图 2.3.8　划线示意图

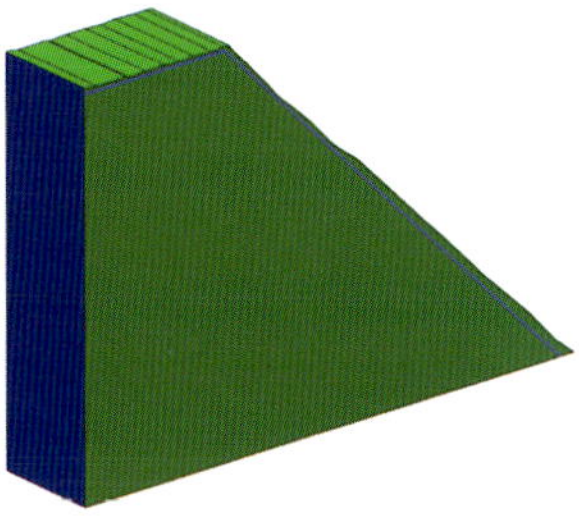

图 2.3.9　锯削后工件的示意图

（10）按尺寸要求锉削锯断面，完成四巧板 C 的制作，如图 2.3.10 所示。

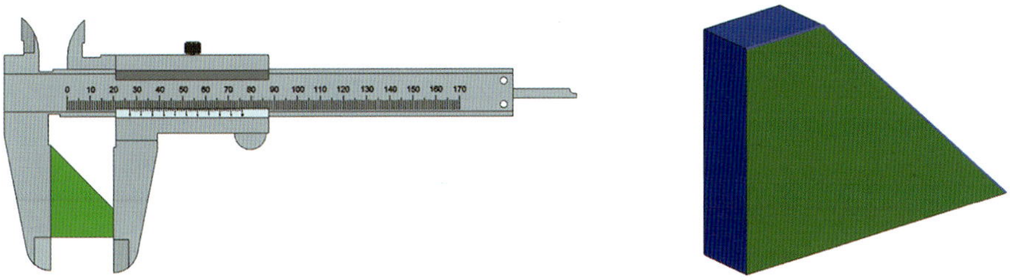

图 2.3.10　工件尺寸检测及四巧板 C 成品示意图

拓展学习

1. 四巧板 C 三维动态模型二维码。

2. 扫描以下产品三维动态模型二维码，观察其特征，绘制其三视图。

【任务评价】

完成【任务 3 制作四巧板 C】后，请如实填写表 2.3.2 和表 2.3.3。

表 2.3.2 【制作四巧板 C】任务评价表

评价项目	评价标准	评价等级		
几何公差标注	规范有序	A □	B □	C □
字迹	工整美观	A □	B □	C □
图纸	平整干净	A □	B □	C □
游标卡尺	正确使用、操作规范	A □	B □	C □
游标万能角度尺	正确使用、操作规范	A □	B □	C □
划线	操作规范	A □	B □	C □
工作表	按时、规范、正确	A □	B □	C □

表 2.3.3 【制作四巧板 C】8S 评价表

序号	项 目	自 评	组长评价	教师评价
1	整理(SEIRI)	A□ B□ C□	A□ B□ C□	A□ B□ C□
2	整顿(SEITON)	A□ B□ C□	A□ B□ C□	A□ B□ C□
3	清扫(SEISO)	A□ B□ C□	A□ B□ C□	A□ B□ C□
4	清洁(SEIKETSU)	A□ B□ C□	A□ B□ C□	A□ B□ C□
5	素养(SHITSUKE)	A□ B□ C□	A□ B□ C□	A□ B□ C□
6	安全(SAFETY)	A□ B□ C□	A□ B□ C□	A□ B□ C□
7	节约(SAVE)	A□ B□ C□	A□ B□ C□	A□ B□ C□
8	学习(STUDY)	A□ B□ C□	A□ B□ C□	A□ B□ C□

注：评价等级中的“A”对应“好”、“B”对应“一般”、“C”对应“差”。

学生：________ 组长：________ 教师：________

任务 4 绘制四巧板 D 的图纸

【任务描述】

根据图 2.4.1 所示的三维模型图，绘制四巧板 D 的图纸。

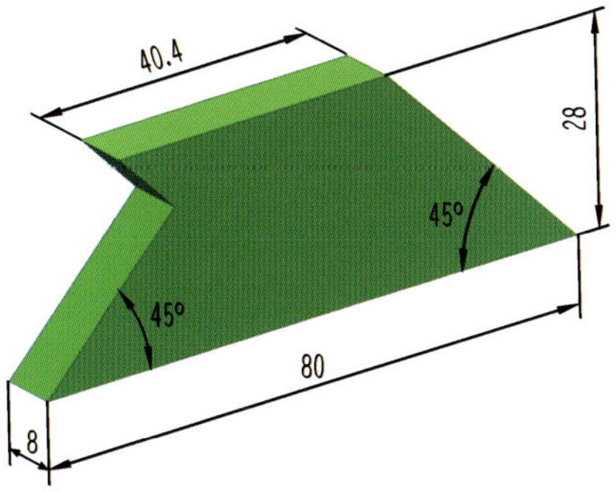

图 2.4.1　四巧板 D 的三维模型图

【知识目标】

(1) 表面结构的图样标注(C302);

(2) 零件图概述(A601)。

【技能目标】

(1) 表面结构要求的标注;

(2) 四巧板 D 三视图的绘制。

【任务准备】

游标卡尺、A4 绘图纸、图板、丁字尺、三角板、铅笔、橡皮、圆规、分规、剪刀、透明胶。

【任务实施】

(1) 绘制四巧板 D 的三视图,如图 2.4.2 所示。

(2) 标注尺寸,如图 2.4.3 所示。

(3) 标注几何公差,如图 2.4.4 所示。

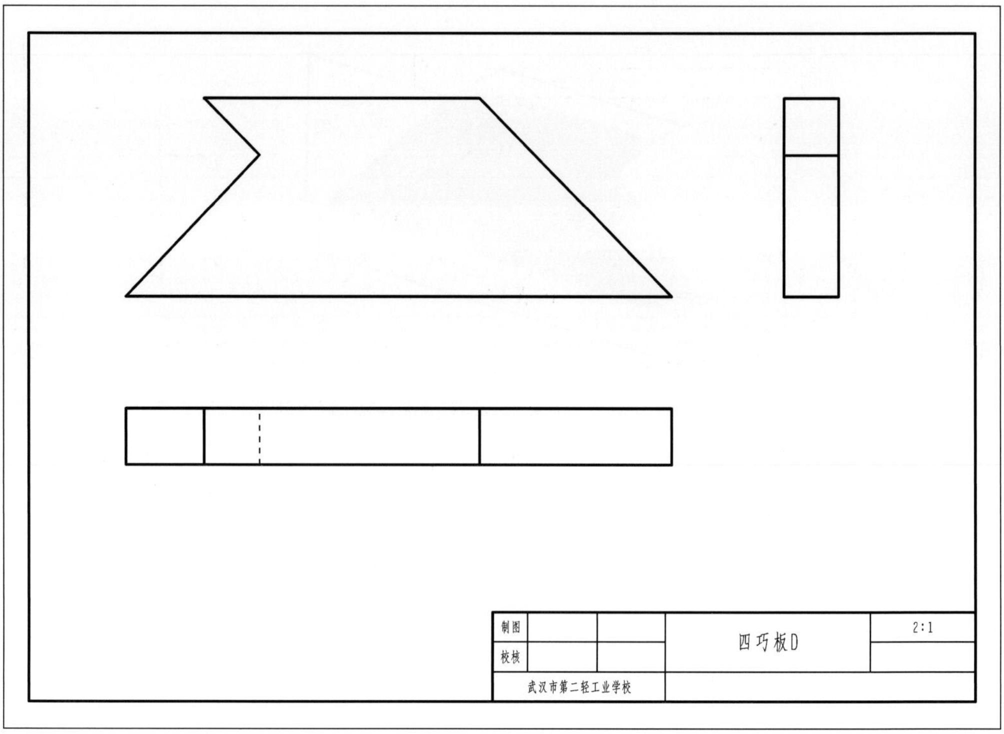

图 2.4.2　四巧板 D 的三视图

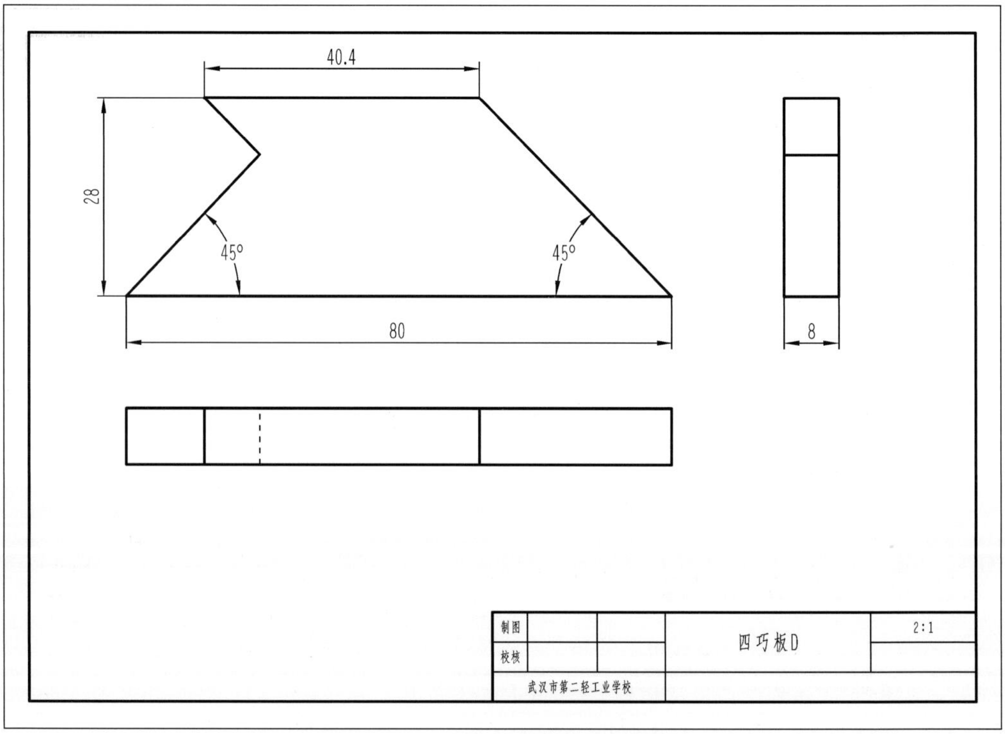

图 2.4.3　四巧板 D 三视图的尺寸标注

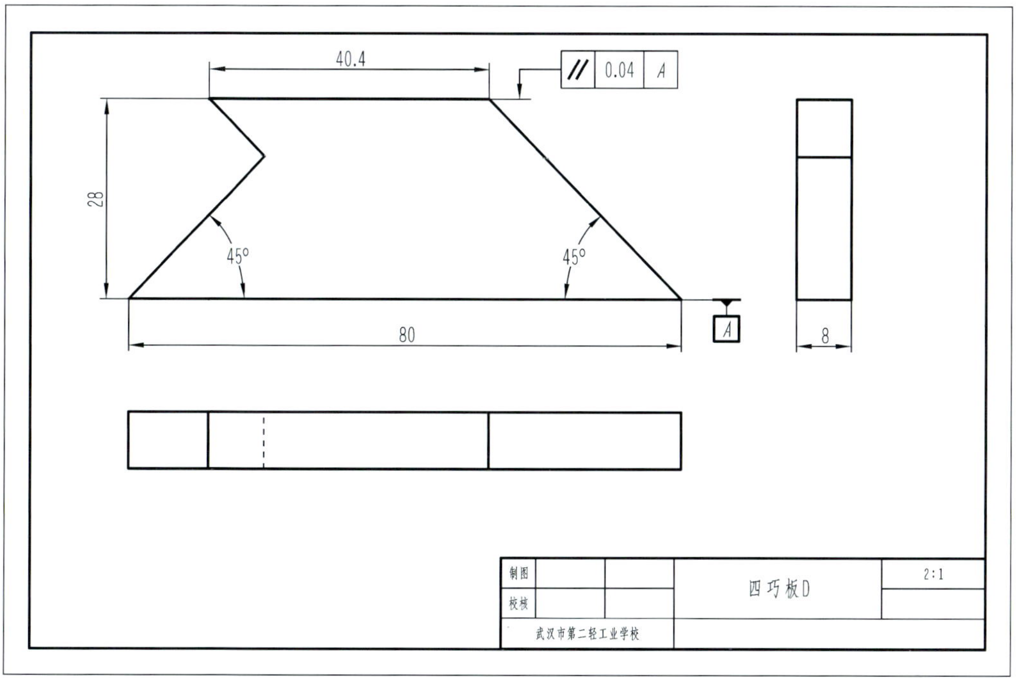

图 2.4.4　几何公差的标注

（4）注写技术要求，如图 2.4.5 所示。

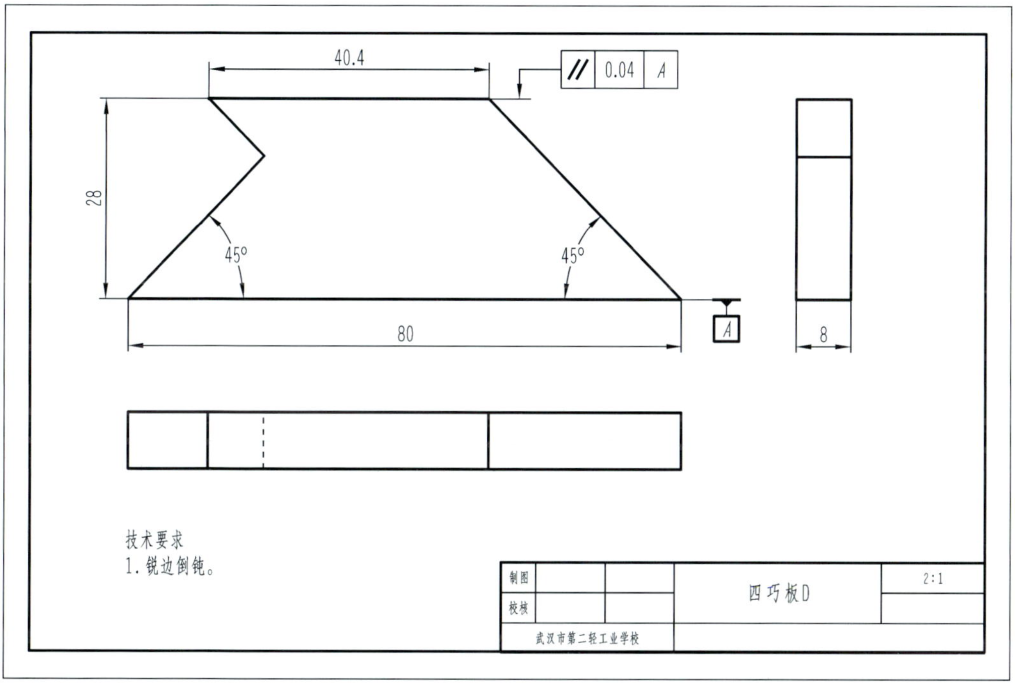

图 2.4.5　技术要求的注写

（5）学习【链接知识 C302 表面结构的图样标注】。

（6）完成【专项训练 C302 表面结构的图样标注】，如表 2.4.1 所示。

表 2.4.1　专项训练 C302 表面结构的图样标注

序号	训练内容	备注
1	将下面的字母注写在图中对应位置上。 a——表面粗糙度的单一要求 b——两个或更多个表面粗糙度要求 c——加工方法、表面处理、涂层或其他加工工艺要求等 d——表面纹理及其方向 e——加工余量 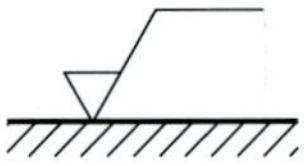	
2	当字高为 5 时，写出图中各字母所对应的数值。 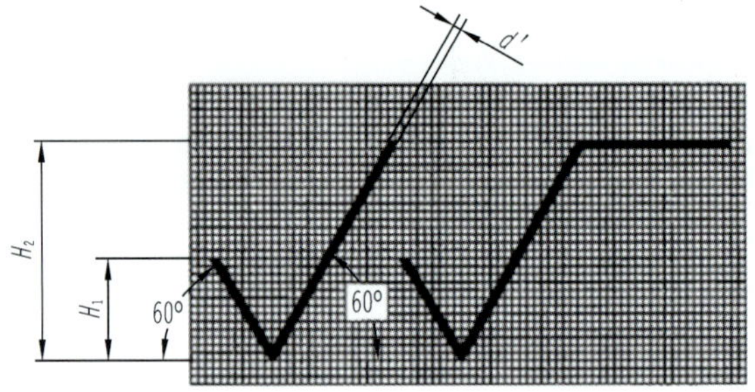 d' = ________　H_1 = ________　H_2 = ________	
3	解释下面符号的含义。 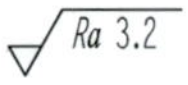　含义： 　含义：	

（7）标注表面结构要求，如图 2.4.6 所示。

（8）学习【链接知识 A601 零件图概述】

（9）完成【专项训练 A601 零件图概述】，如表 2.4.2 所示。

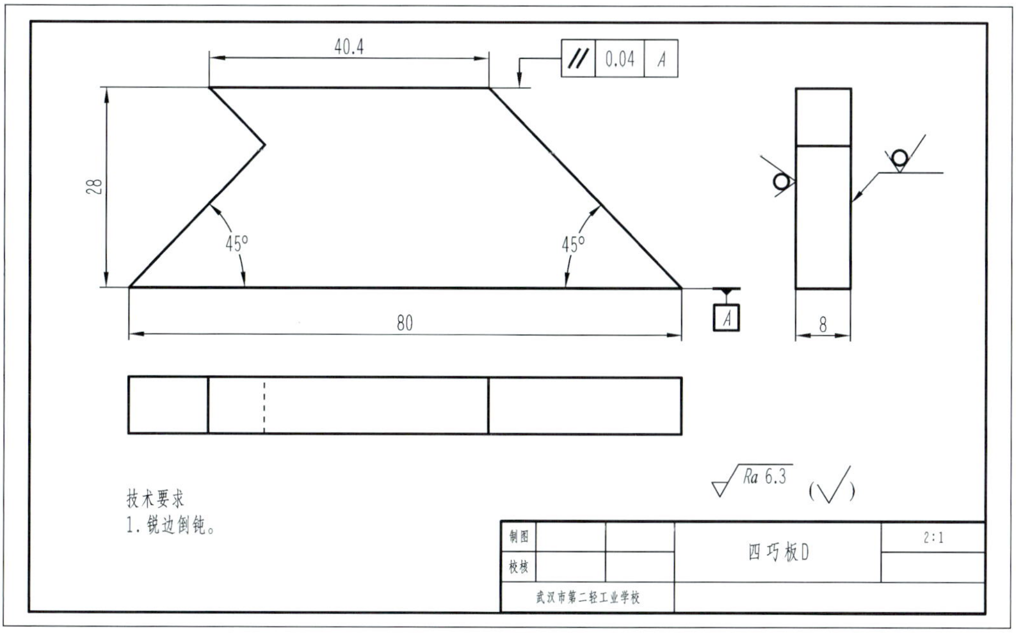

图 2.4.6　表面结构要求的标注

表 2.4.2　专项训练 A601 零件图概述

序号	训练内容	备注
1	一张完整的零件图应具备的四个内容： ①__________　②__________ ③__________　④__________	
2	在横线上写出下列零件图中存在的问题。 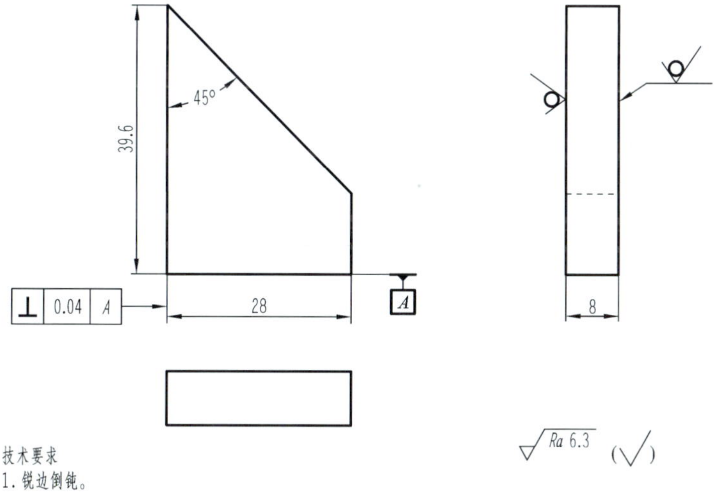 零件图中存在的问题是： ______________________________	

续表

序号	训练内容	备注
2	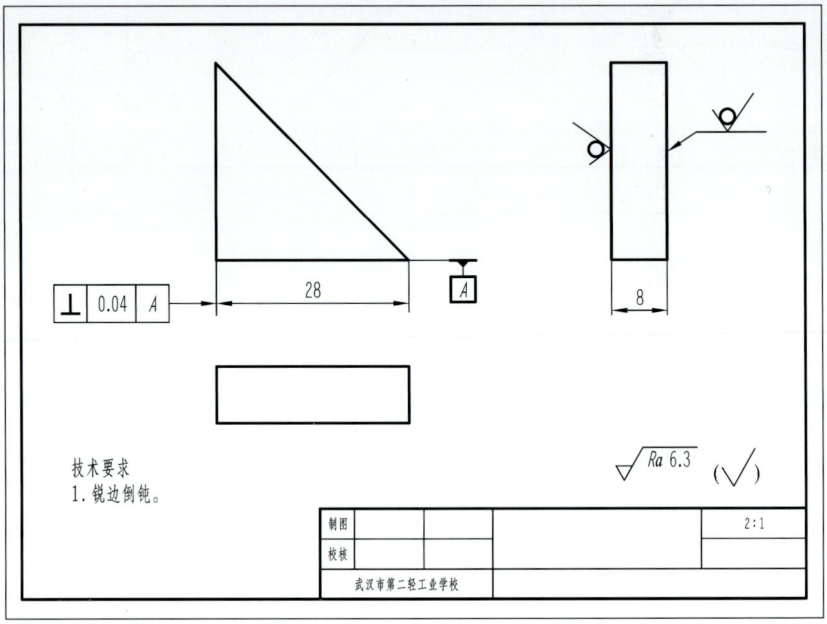 零件图中存在的问题是： ______________________________ 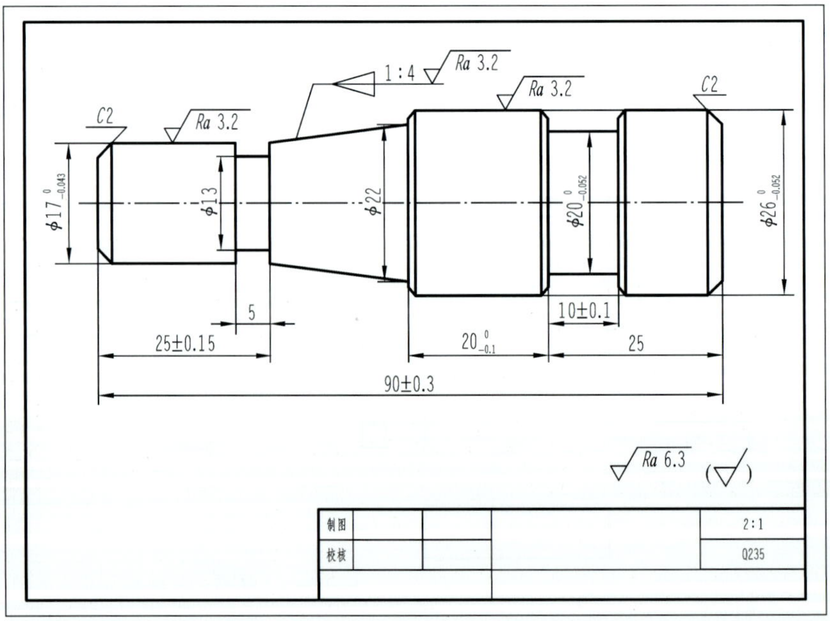 零件图中存在的问题是： ______________________________	

（10）检查四巧板 D 的图纸。

拓展学习

1. 四巧板 D 三维动态模型二维码。

2. 扫描以下产品三维动态模型二维码，观察其特征，绘制其三视图。

【任务评价】

完成【任务 4 绘制四巧板 D 的图纸】后，请如实填写表 2.4.3 和表 2.4.4。

表 2.4.3 【绘制四巧板 D 的图纸】任务评价表

评价项目	评价标准	评价等级		
铅笔	使用规范	A □	B □	C □
三角尺	清洁且使用规范	A □	B □	C □
量具使用	掌握方法	A □	B □	C □
绘图	掌握方法	A □	B □	C □
图纸	规范、干净、美观	A □	B □	C □
字体符号	工整、清晰	A □	B □	C □
标注	规范、清晰、完整	A □	B □	C □

表 2.4.4 【绘制四巧板 D 的图纸】8S 评价表

序号	项目	自评	组长评价	教师评价
1	整理(SEIRI)	A□ B□ C□	A□ B□ C□	A□ B□ C□
2	整顿(SEITON)	A□ B□ C□	A□ B□ C□	A□ B□ C□
3	清扫(SEISO)	A□ B□ C□	A□ B□ C□	A□ B□ C□
4	清洁(SEIKETSU)	A□ B□ C□	A□ B□ C□	A□ B□ C□
5	素养(SHITSUKE)	A□ B□ C□	A□ B□ C□	A□ B□ C□
6	安全(SAFETY)	A□ B□ C□	A□ B□ C□	A□ B□ C□
7	节约(SAVE)	A□ B□ C□	A□ B□ C□	A□ B□ C□
8	学习(STUDY)	A□ B□ C□	A□ B□ C□	A□ B□ C□

注：评价等级中的“A”对应“好”、“B”对应“一般”、“C”对应“差”。

学生：＿＿＿＿＿＿＿＿　　组长：＿＿＿＿＿＿＿＿　　教师：＿＿＿＿＿＿＿＿

项目三　典型曲线连接零件的绘图与制作

任务1　制作爱心 A

【任务描述】

抄画如图 3.1.1 所示的爱心 A 的零件图，并完成爱心 A 的制作。

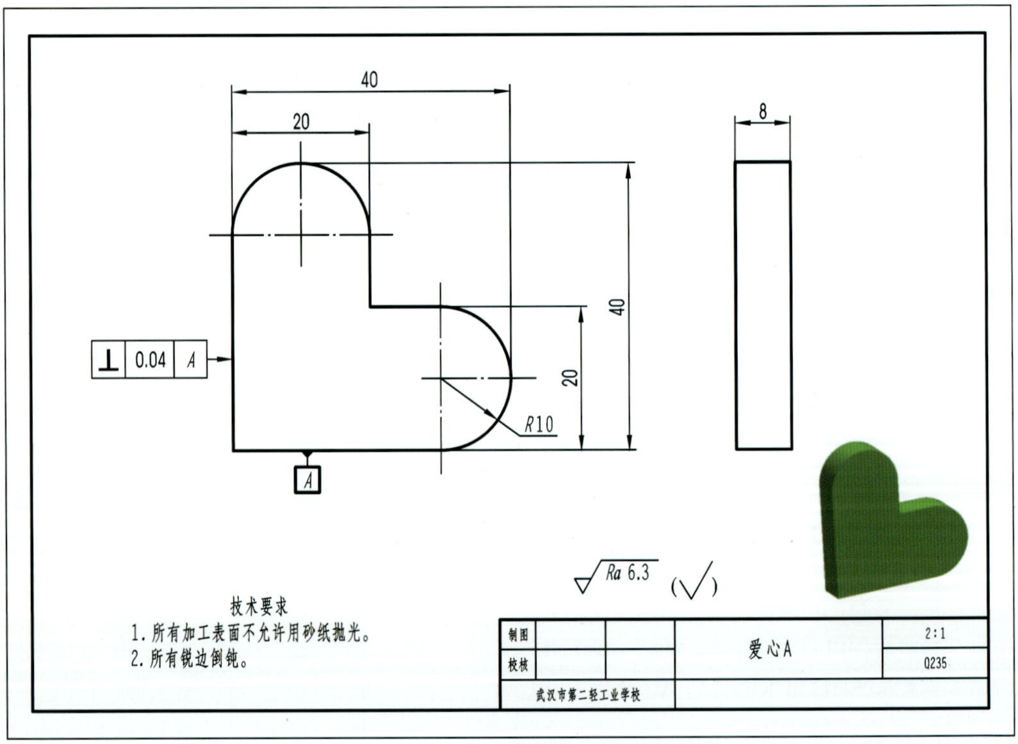

图 3.1.1　爱心 A 的零件图

【知识目标】

（1）圆弧连接(A103.5)；

（2）曲面锉削(F402.2)。

【技能目标】

（1）圆弧连接的画法；

（2）曲面的锉削方法。

【任务准备】

50 mm×50 mm×8mm 的毛坯、Q235 钢板、划线平板、高度尺、直角尺、游标卡尺、锯弓、锉刀、划规、样冲、钢直尺、A4 图纸等。

【任务实施】

（1）学习【链接知识 A103.5 圆弧连接】。

（2）完成【专项训练 A103.5-1 圆弧连接】，如表 3.1.1 所示。

表 3.1.1　专项训练 A103.5-1 圆弧连接

序号	训练内容	备注
1	请用半径为 R 的圆弧连接下图中的两条已知直线。  	保留作图痕迹，完成后加粗轮廓

续表

序号	训练内容	备注
2	请用半径为 R 的圆弧连接下图中的两条已知直线。 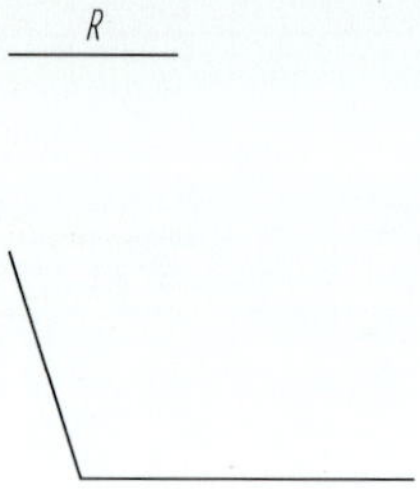	保留作图痕迹，完成后加粗轮廓
3	请用半径为 R 的圆弧连接下图中的两条已知直线。 	

(3) 完成【专项训练 A103.5-2 圆弧连接】，如表 3.1.2 所示。

表 3.1.2　专项训练 A103.5-2　圆弧连接

序号	训练内容	备注
1	请抄画图 3.1.1 所示爱心 A 的主视图（比例为 1∶1）。	

(4) 根据图纸备料、锉削基准面，如图 3.1.2 所示。

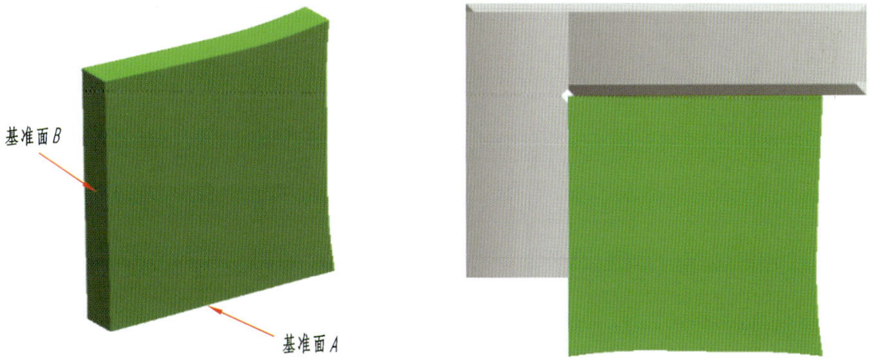

图 3.1.2　基准面锉削及检测示意图

(5) 完成工件划线，如图 3.1.3 所示。

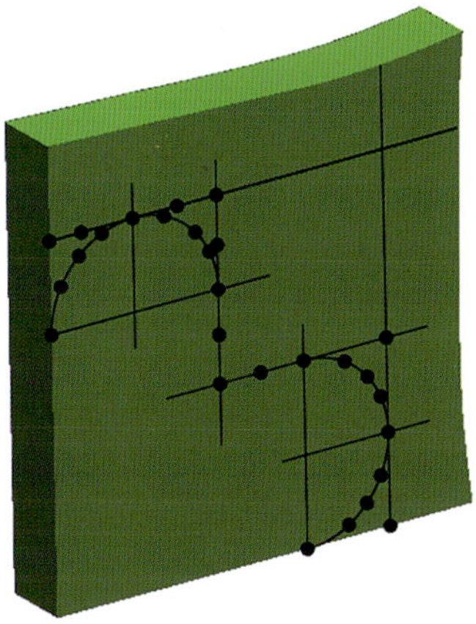

图 3.1.3　划线示意图

(6) 按图纸尺寸，将毛坯锯削、锉削成正方形，如图 3.1.4 所示。

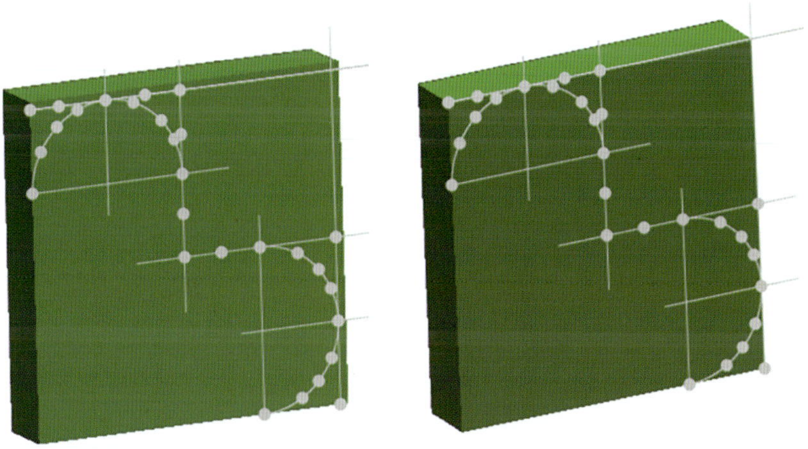

图 3.1.4　正方形工件

（7）按图纸尺寸，将正方形锯削、锉削成 L 形，如图 3.1.5 所示。

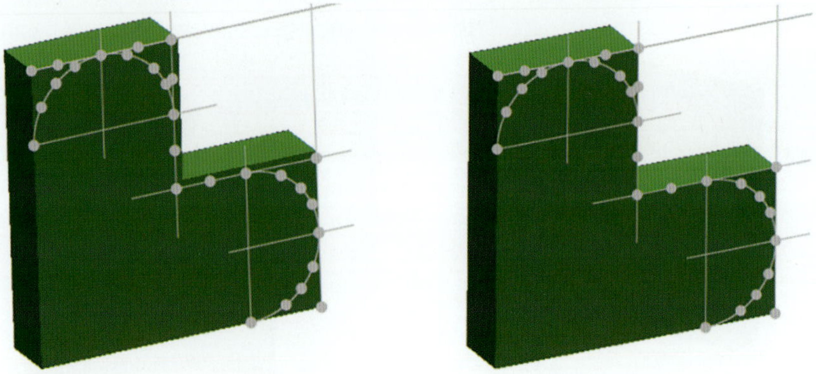

图 3.1.5　L 形工件

（8）学习【链接知识 F402.2 曲面锉削】。

（9）完成【专项训练 F402.2 曲面锉削】，如表 3.1.3 所示。

表 3.1.3　专项训练 F402.2 曲面锉削

序号	训练内容	备注
	下面 4 张图片为加工外圆弧的示意图，合适的加工排序是（　　）。 A. 1-2-3　B. 1-3-4　C. 2-3-4 D. 2-3　E. 2-4　F. 1-2-3-4   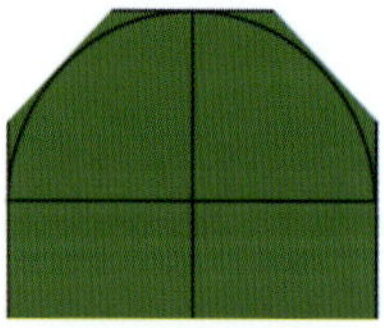 1. 锯削角余量 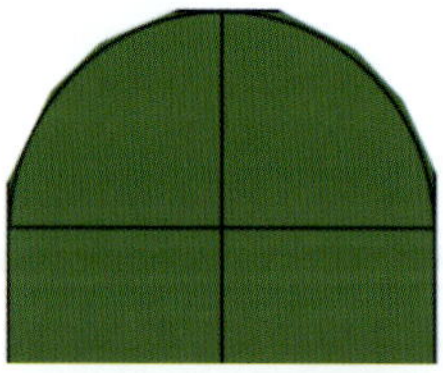 2. 锉削尖角余量 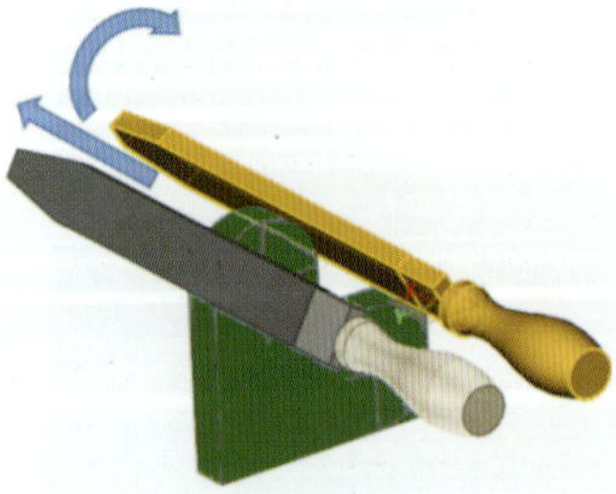 3. 横着圆弧面锉削  4. 沿着圆弧面锉削	

(10) 锉削曲面，完成爱心 A 的制作，如图 3.1.6 所示。

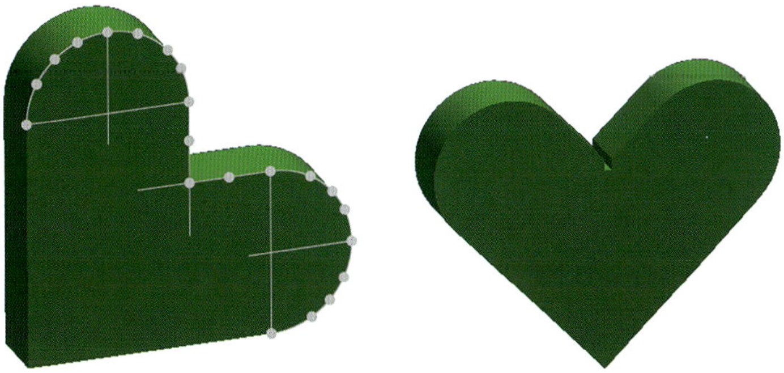

图 3.1.6　爱心 A 成品示意图

拓展学习

1. 爱心 A 三维动态模型二维码。

2. 扫描以下产品三维动态模型二维码，观察其特征，绘制其三视图。

【任务评价】

完成【任务 1 制作爱心 A】后，请如实填写表 3.1.4 和表 3.1.5。

表 3.1.4　【制作爱心 A】任务评价表

评价项目	评价标准	评价等级		
工作台整理	工、量具摆放位置规范	A □	B □	C □
卫生打扫	按要求完成卫生打扫，保证工位清洁	A □	B □	C □
锯削	锯条安装正确，锯削姿势规范	A □	B □	C □
锉削	锉刀使用规范、高效	A □	B □	C □
划线	工件划线准确、清晰、规范	A □	B □	C □
工件完成	按照图纸完成工件加工	A □	B □	C □

表 3.1.5 【制作爱心 A】8S 评价表

序号	项目	自评	组长评价	教师评价
1	整理(SEIRI)	A□ B□ C□	A□ B□ C□	A□ B□ C□
2	整顿(SEITON)	A□ B□ C□	A□ B□ C□	A□ B□ C□
3	清扫(SEISO)	A□ B□ C□	A□ B□ C□	A□ B□ C□
4	清洁(SEIKETSU)	A□ B□ C□	A□ B□ C□	A□ B□ C□
5	素养(SHITSUKE)	A□ B□ C□	A□ B□ C□	A□ B□ C□
6	安全(SAFETY)	A□ B□ C□	A□ B□ C□	A□ B□ C□
7	节约(SAVE)	A□ B□ C□	A□ B□ C□	A□ B□ C□
8	学习(STUDY)	A□ B□ C□	A□ B□ C□	A□ B□ C□

注：评价等级中的“A”对应“好”、“B”对应“一般”、“C”对应“差”。

学生：______________　组长：______________　教师：______________

任务 2 制作爱心 B

【任务描述】

抄画如图 3.2.1 所示的爱心 B 的零件图，并完成爱心 B 的制作。

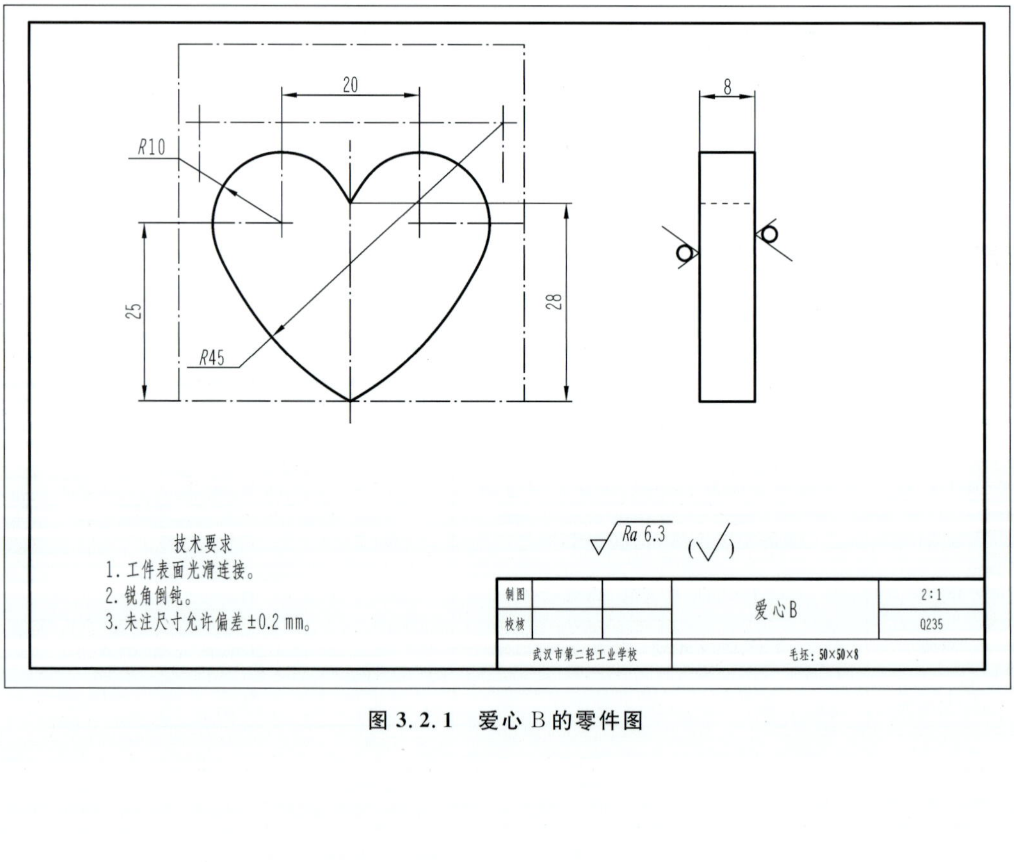

图 3.2.1 爱心 B 的零件图

【知识目标】

（1）圆弧连接(A103.5)；

（2）划规(F201.2)。

【技能目标】

(1)圆弧连接的画法；

（2）曲面的锉削方法。

【任务准备】

50 mm×50 mm×8 mm 的毛坯、Q235 钢板、划线平板、高度尺、直角尺、游标卡尺、锯弓、锉刀、划规、样冲、钢直尺、A4 图纸等。

【任务实施】

（1）学习【链接知识 A103.5 圆弧连接】。

（2）完成【专项训练 A103.5-1 圆弧连接】，如表 3.2.1 所示。

表 3.2.1 专项训练 A103.5-1 圆弧连接

序号	训练内容	备注
1	请用半径为 R 的圆弧外连接下图中的两已知圆弧。 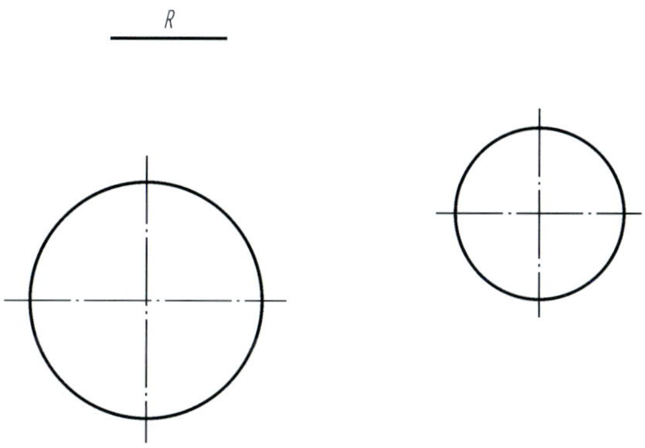 	

续表

序号	训练内容	备注
2	请用半径为 R 的圆弧内连接下图中的两已知圆弧。 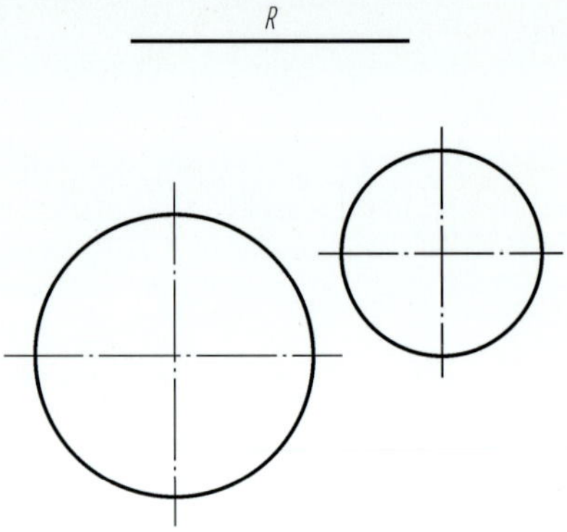	

（3）完成【专项训练 A103.5-2 圆弧连接】，如表 3.2.2 所示。

表 3.2.2 专项训练 A103.5-2 圆弧连接

序号	训练内容	备注
1	请抄画图 3.2.1 所示爱心 B 的主视图（比例为 1∶1）。	

（4）锉削基准面，如图 3.2.2 所示。

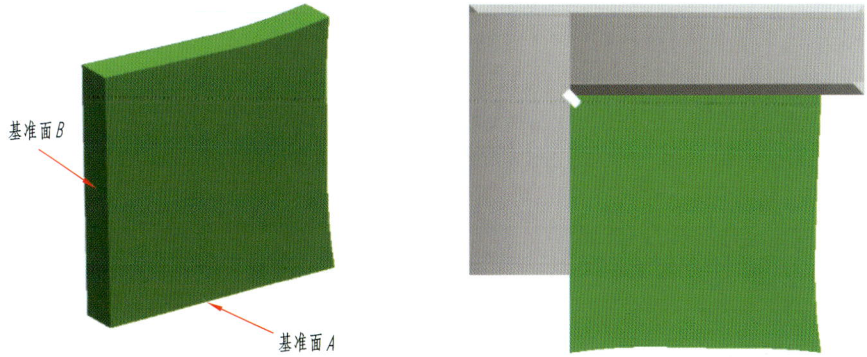

图 3.2.2　基准面锉削及检测示意图

（5）学习【链接知识 F201.2 划规】。

（6）完成【专项训练 F201.2 划规】，如表 3.2.3 所示。

表 3.2.3　专项训练 F201.2 划规

序号	训练内容	备注
1	请选择正确的提示词，在横线上填写正确答案。 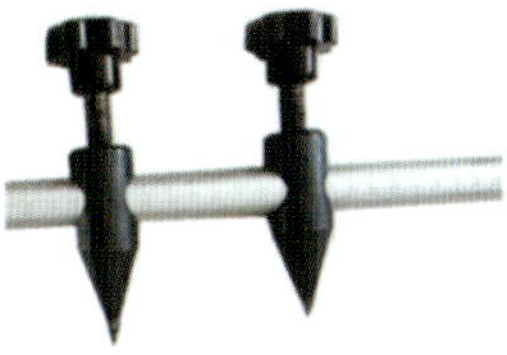 A  B  C 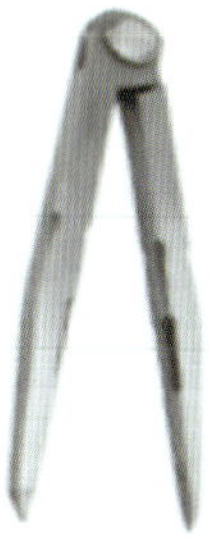 D A：________　B：________ C：________　D：________ 提示词： 普通划规　扇形划规　弹簧划规　长划规	

续表

序号	训练内容	备注
1	划规由__________或__________制成，两脚尖部__________，用来__________和__________、等分线段、等分角度及__________等。使用要点：划规两脚的长短要磨得__________，两脚合拢时能靠紧，划圆时，作为旋转中心的一脚应加以__________的压力，另一脚则以__________的压力在工作表面上划出圆或圆弧。 提示词： 中碳钢　较轻　稍有不同　工具钢　淬火磨锐　较大 划圆　圆弧　量取尺寸　红铜　退火磨锐　曲线	

(7) 在工件表面划线，如图 3.2.3 所示。

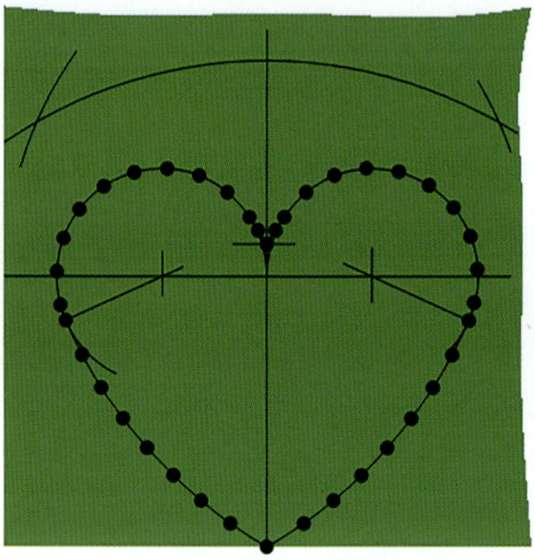

图 3.2.3　划线示意图

(8) 锯削多余材料，如图 3.2.4 所示。

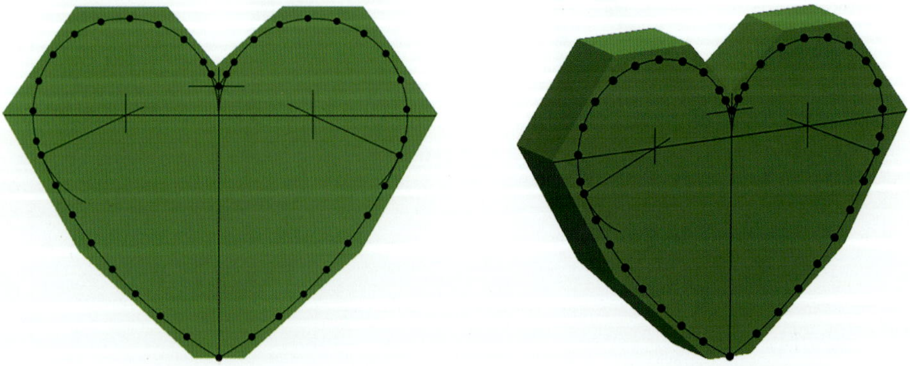

图 3.2.4　锯削示意图

(9) 按尺寸要求锉削曲面，完成爱心 B 的制作，如图 3.2.5 所示。

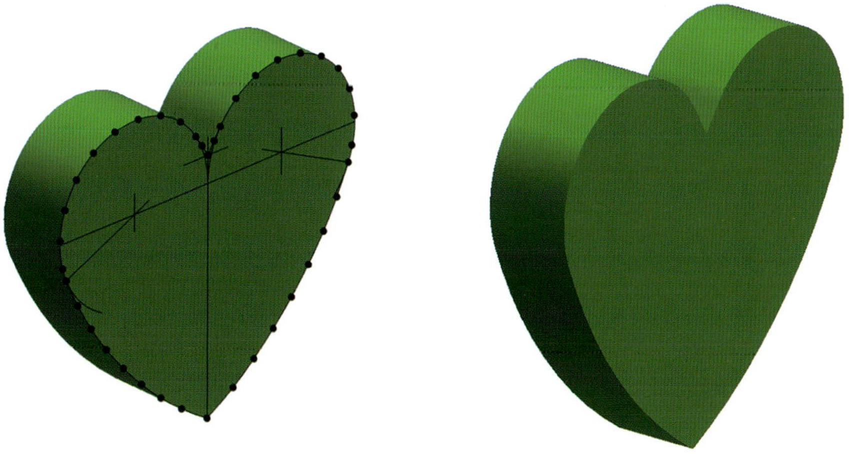

图 3.2.5 爱心 B 成品示意图

(10) 完成拓展任务：用 A4 图纸抄画图 3.2.6，完成后进行平面划线练习。

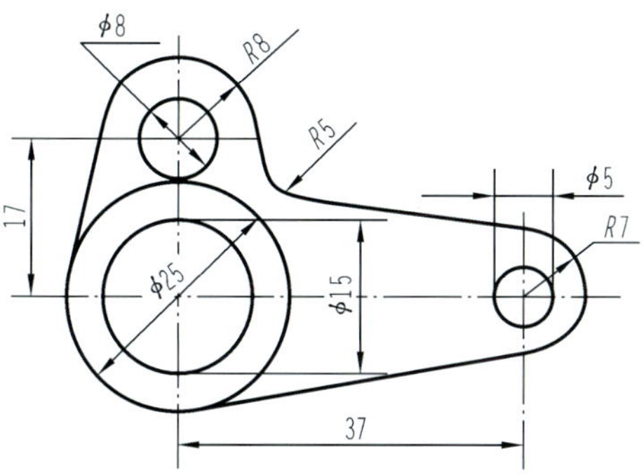

图 3.2.6 拓展任务图

拓展学习

1. 爱心 B 三维动态模型二维码。

2. 扫描以下产品三维动态模型二维码，观察其特征，绘制其三视图。

【任务评价】

完成【任务 2 制作爱心 B】后，请如实填写表 3.2.4 和表 3.2.5。

表 3.2.4 【制作爱心 B】任务评价表

评价项目	评价标准	评价等级		
工作台整理	工、量具摆放位置规范	A □	B □	C □
卫生打扫	按要求完成卫生打扫，保证工位清洁	A □	B □	C □
锯削	锯条安装正确，锯削姿势规范	A □	B □	C □
锉削	锉刀使用规范、高效	A □	B □	C □
划线	工件划线准确、清晰、规范	A □	B □	C □
工件完成	按照图纸完成工件加工	A □	B □	C □

表 3.2.5 【制作爱心 B】8S 评价表

序号	项目	自评	组长评价	教师评价
1	整理(SEIRI)	A□ B□ C□	A□ B□ C□	A□ B□ C□
2	整顿(SEITON)	A□ B□ C□	A□ B□ C□	A□ B□ C□
3	清扫(SEISO)	A□ B□ C□	A□ B□ C□	A□ B□ C□
4	清洁(SEIKETSU)	A□ B□ C□	A□ B□ C□	A□ B□ C□
5	素养(SHITSUKE)	A□ B□ C□	A□ B□ C□	A□ B□ C□
6	安全(SAFETY)	A□ B□ C□	A□ B□ C□	A□ B□ C□
7	节约(SAVE)	A□ B□ C□	A□ B□ C□	A□ B□ C□
8	学习(STUDY)	A□ B□ C□	A□ B□ C□	A□ B□ C□

注：评价等级中的“A”对应“好”、“B”对应“一般”、“C”对应“差”。

学生：____________ 组长：____________ 教师：____________

任务 3　制作环眼吊钩

【任务描述】

抄画如图 3.3.1 所示的环眼吊钩零件图，并完成环眼吊钩的制作。

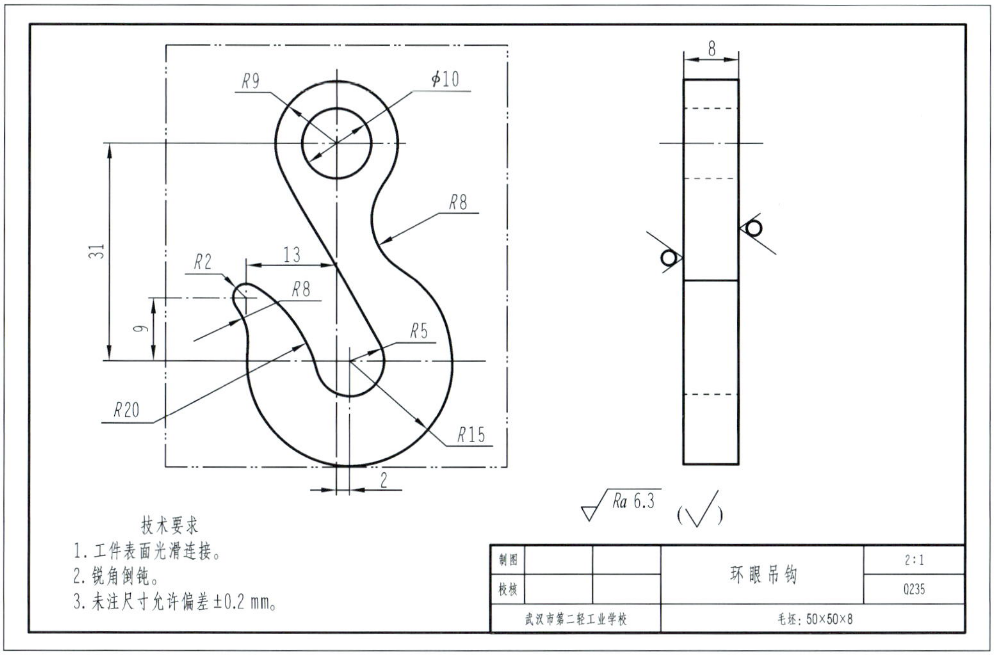

图 3.3.1　环眼吊钩的零件图

【知识目标】

(1) 平面图形分析及作图方法(A103.6)；

(2) 钻孔设备和钻孔工具(F501)；

(3) 钻孔的方法和注意事项(F503)。

【技能目标】

(1) 吊钩平面图形的绘制；

(2) 基准面的锉削；

(3) 划线；

(4) 钻孔加工；

(5) 锉削。

【任务准备】

50 mm×60 mm×8 mm 的毛坯、Q235 钢板、划线平板、高度尺、直角尺、台式钻床、游标卡尺、锯弓、锉刀、划规、样冲、钢直尺、A4 图纸等。

【任务实施】

(1) 学习【链接任务 A103.6 平面图形分析及作图方法】。

(2) 完成【专项训练 A103.6-1 平面图形分析及作图方法】，如表 3.3.1 所示。

表 3.3.1 专项训练 A103.6-1 平面图形分析及作图方法

序号	训练内容	备注
1	请分析下面环眼吊钩图形的尺寸，并在括号中填写正确的尺寸数字。 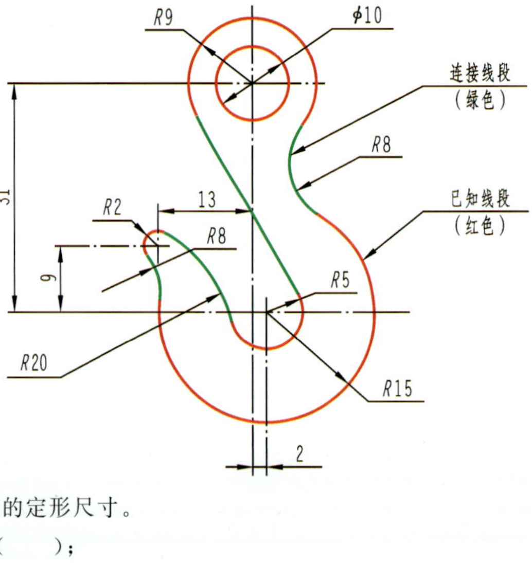 (1) 环眼吊钩的定形尺寸。 直径尺寸有：(　　)； 半径尺寸有：(　　)、(　　)、(　　)、(　　)、(　　)、(　　)、(　　)。 (2) 环眼吊钩的定位尺寸。 ϕ10 圆孔的定位尺寸是：(　　)； *R*2 圆弧圆心的定位尺寸是：(　　)和(　　)； *R*5、*R*15 圆弧圆心的定位尺寸是：(　　)。	

续表

序号	训 练 内 容	备注
2	写出绘制平面图形的步骤(以环眼吊钩的作图步骤为例)。	

(3) 完成【专项训练 A103.6-2 平面图形分析及作图方法】,如表 3.3.2 所示。

表 3.3.2　专项训练 A103.6-2 平面图形分析及作图方法

序号	训 练 内 容	备注
1	请抄画图 3.3.1 所示的环眼吊钩的主视图(比例为 1∶1)。	

（4）锉削并检测基准面，如图 3.3.2 所示。

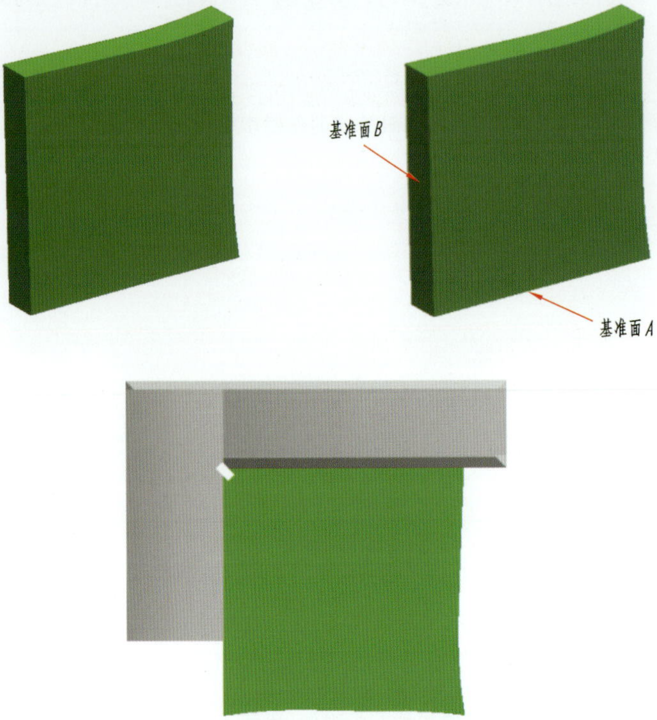

图 3.3.2　基准面锉削及检测示意图

（5）在工件表面划线，如图 3.3.3 所示。

图 3.3.3　划线示意图

（6）学习【链接知识 F501　钻孔设备和钻孔工具】。

（7）完成【专项训练 F501　钻孔设备和钻孔工具】，如表 3.3.3 所示。

表 3.3.3　专项训练 F501　钻孔设备和钻孔工具

序号	训练内容	备注
1	请参考提示词，在括号中填写正确答案。 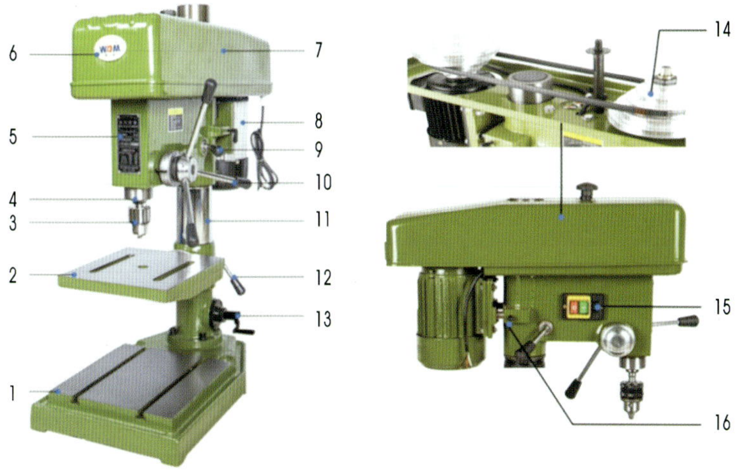 1（　　　）2（　　　）3（　　　）4（　　　）5（　　　）6（　　　） 7（　　　）8（　　　）9（　　　）10（　　　）11（　　　）12（　　　） 13（　　　）14（　　　）15（　　　）16（　　　） 上图是一种（　　　）钻床，一般用来加工小型工件上直径（　　　）13 mm 的小孔。 提示词： 电动机调节螺钉　磨削工作台　旋转摇把　电动机 工作台锁紧手柄　皮带防护罩　产品标识　钻夹头 头架锁紧手柄　电源开关　带轮　头架 底座　手柄　立柱　主轴 台式钻床　立式钻床　小于等于　大于等于	

序号	训 练 内 容	备注
2	请参考提示词,在括号中填写正确答案。 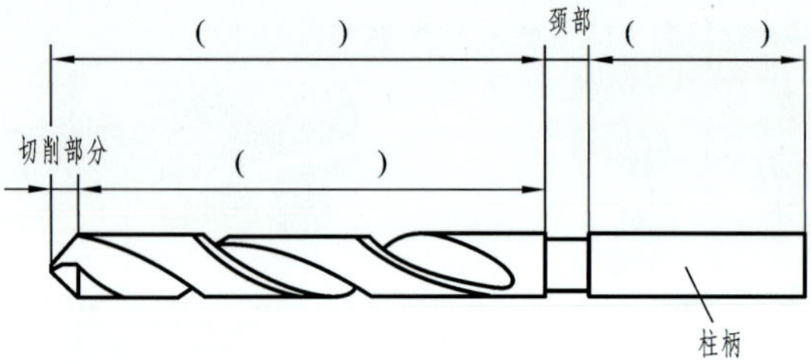 顶角 2ϕ:它是两条(　　　　　)在其平行平面上投影的夹角,一般为(　　　　)度。 螺旋角:指螺旋线的(　　　)与轴头(　　　)之间的(　　　)。 提示词: 工作部分　主切削刃　118　145　柄部　横刃 导向部分　副切削刃　切线　轴线　夹角　交线	

拓展学习

1. 环眼吊钩三维动态模型二维码。

2. 扫描以下产品动态模型二维码,观察其特征,绘制其三视图。

(8) 学习【链接知识 F503　钻孔的方法和注意事项】。

(9) 完成【专项训练 F503　钻孔的方法和注意事项】,如表 3.3.4 所示。

表 3.3.4　专项训练 F503　钻孔的方法和注意事项

序号	训练内容	备注
1	请参考提示词，在括号中填写正确答案。 (1) 孔径小于(　　　)mm 的较大工件可手持； (2) 小型工件可用(　　　)和平口钳夹持； (3) (　　　　)工件可用 V 形铁及压板夹持； (4) 起钻的位置一定要(　　　)，一般将钻头的横刃落入(　　　　)内，而且从两个相互垂直的方向观察(　　　)轴线与(　　　)轴线是否重合，如重合则可钻下，否则要(　　　)后再钻； (5) 当钻孔快要结束时，要(　　　)进给量，以防钻头折断或钻夹头落下。 提示词： 手虎钳　镊子　圆柱形　28 准确　样冲眼　六边形　18 孔　钻头　找正　8 减少　增加　划线　轴	
2	请写出钻孔的安全文明生产注意事项。	

(10) 钻孔加工，如图 3.3.4 所示。

(11) 锯削多余材料，如图 3.3.5 所示。

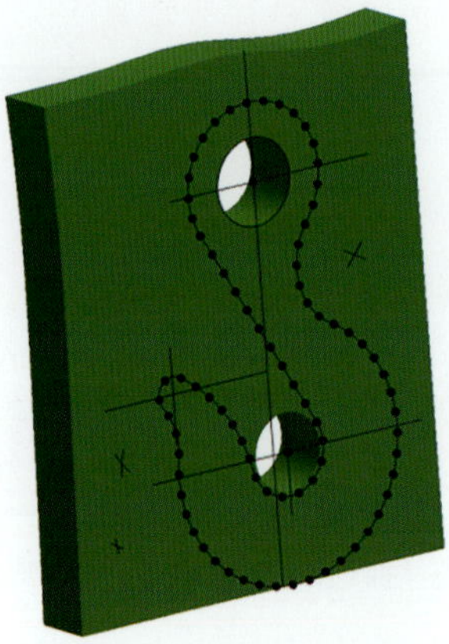

图 3.3.4　工件钻孔示意图

图 3.3.5　工件锯削示意图

(12) 按图纸尺寸锉削外轮廓，完成环眼吊钩的制作，如图 3.3.6 所示。

图 3.3.6　环眼吊钩成品示意图

拓展学习

扫描以下产品三维动态模型二维码，观察其特征，绘制其三视图。

【任务评价】

完成【任务3 制作环眼吊钩】后，请如实填写表3.3.5和表3.3.6。

表3.3.5 【制作环眼吊钩】任务评价表

评价项目	评价标准	评价等级		
工作台整理	工、量具摆放位置规范	A □	B □	C □
卫生打扫	按要求完成卫生打扫，保证工位清洁	A □	B □	C □
锯削	锯条安装正确，锯削姿势规范	A □	B □	C □
钻削	钻床与钻花使用规范、高效	A □	B □	C □
锉削	锉刀使用规范、高效	A □	B □	C □
划线	工件划线准确、清晰、规范	A □	B □	C □
工件完成	按照图纸完成工件加工	A □	B □	C □

表3.3.6 【制作环眼吊钩】8S评价表

序号	项目	自评	组长评价	教师评价
1	整理(SEIRI)	A□ B□ C□	A□ B□ C□	A□ B□ C□
2	整顿(SEITON)	A□ B□ C□	A□ B□ C□	A□ B□ C□
3	清扫(SEISO)	A□ B□ C□	A□ B□ C□	A□ B□ C□
4	清洁(SEIKETSU)	A□ B□ C□	A□ B□ C□	A□ B□ C□
5	素养(SHITSUKE)	A□ B□ C□	A□ B□ C□	A□ B□ C□
6	安全(SAFETY)	A□ B□ C□	A□ B□ C□	A□ B□ C□
7	节约(SAVE)	A□ B□ C□	A□ B□ C□	A□ B□ C□
8	学习(STUDY)	A□ B□ C□	A□ B□ C□	A□ B□ C□

注：评价等级中的“A”对应“好”、“B”对应“一般”、“C”对应“差”。

学生：______________ 组长：______________ 教师：______________

项目四　组合体模型测绘

任务1　测绘陀螺、支座

【任务描述】

测量陀螺、支座实物的尺寸(见图 4.1.1),并绘制其三视图。

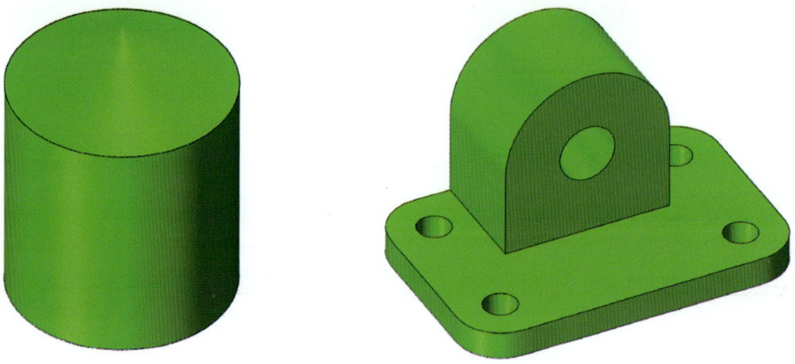

图 4.1.1　陀螺、支座的三维模型图

【知识目标】

(1) 叠加型组合体视图(A304.1);

(2) 游标卡尺(C401.2);

(3) 半径样板(C401.10);

(4) 深度游标卡尺(C401.4)。

【技能目标】

(1) 陀螺、支座等的三视图的绘制;

(2) 游标卡尺、高度游标卡尺的使用；

(3) 带表游标卡尺、半径规、中心距游标卡尺的使用；

(4) 深度游标卡尺的使用。

【任务准备】

0～150 mm 机械游标卡尺、0～150 mm 带表游标卡尺、0～200 mm 深度游标卡尺、0～200 mm 高度游标卡尺、0～150 mm 中心距游标卡尺、R7-14.5 半径规、R15-25 半径规、铝材陀螺、铝材支座、三角板、铅笔、橡皮等。

【任务实施】

(1) 学习【链接知识 A304.1 叠加型组合体视图】。

(2) 完成【专项训练 A304.1-1 叠加型组合体视图】，如表 4.1.1 所示。

表 4.1.1 专项训练 A304.1-1 叠加型组合体视图

序号	训练内容	备注
1	测量陀螺实物的尺寸，并在下图中标注。 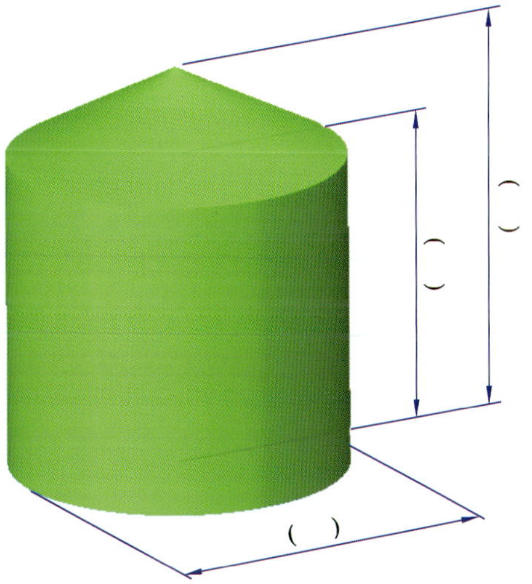	

续表

序号	训练内容	备注
2	根据测量的尺寸，绘制陀螺的三视图（比例为 1∶1）。	
3	绘制如下三维模型的三视图。 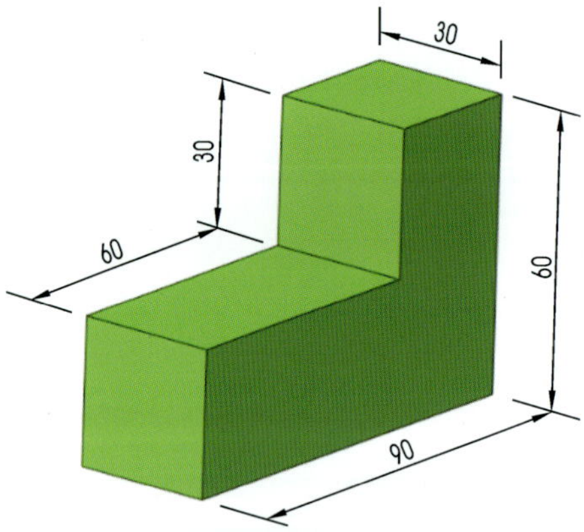 	

（3）学习【链接知识 C401.2 游标卡尺】。

（4）完成【专项训练 C401.2 游标卡尺】，如表 4.1.2 所示。

表 4.1.2　专项训练 C401.2 游标卡尺

序号	训练内容	备注
1	请在方格中填写图中带表游标卡尺各部分的名称。 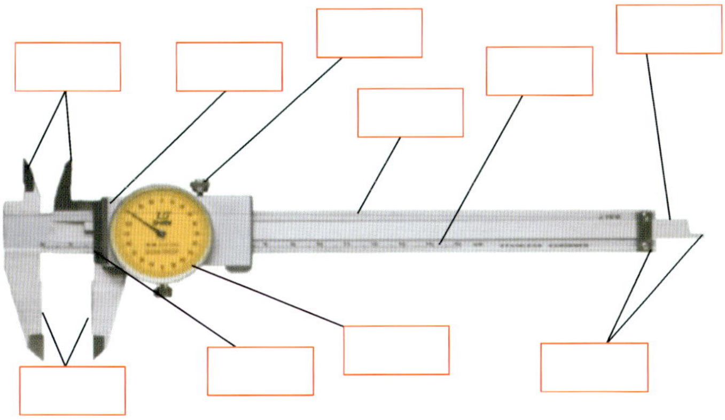	
2	写出使用带表游标卡尺时的注意事项。	
3	写出图中带表游标卡尺的读数。  读数：________	

续表

序号	训练内容	备注
3	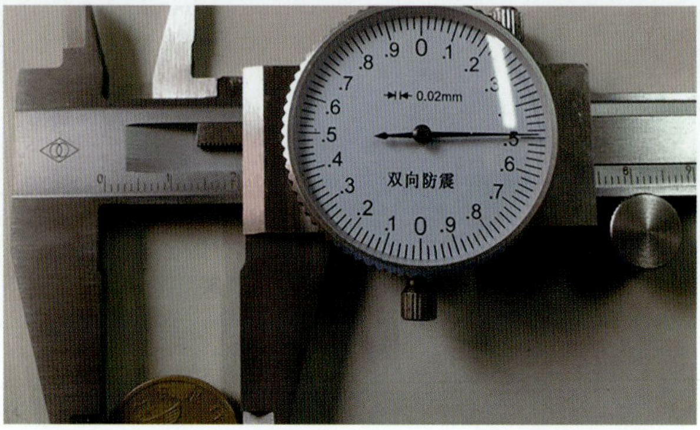 读数：________	

（5）学习【链接知识 C401.10 半径样板】。

（6）完成【专项训练 C401.10 半径样板】，如表 4.1.3 所示。

表 4.1.3　专项训练 C401.10 半径样板

序号	训练内容	备注
4	请判断下列半径规检测圆弧示意图是否合格，并在相应的方框内打“√”。 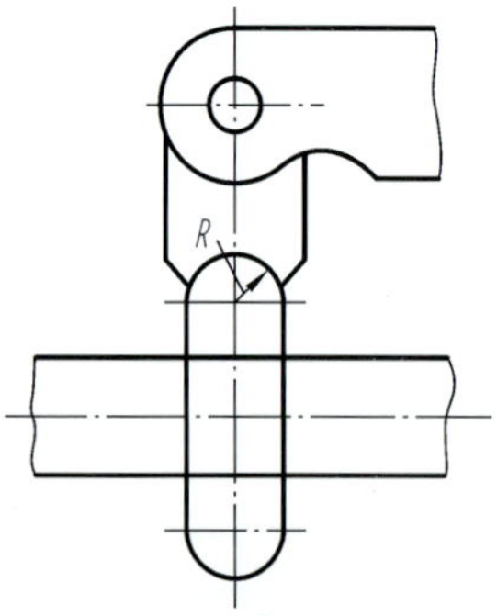 $r=R$ 合格 □　不合格 □ 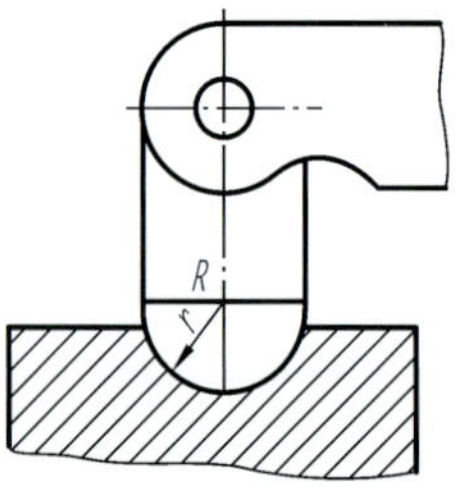 $r=R$ 合格 □　不合格 □ 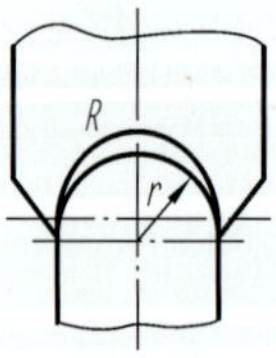 $r>R$ 合格 □　不合格 □ 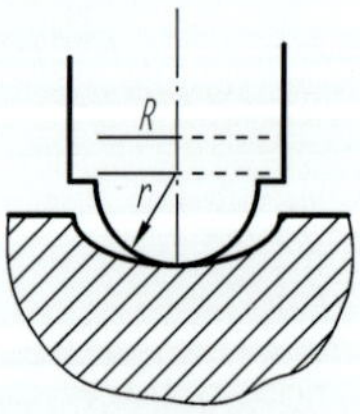 $r<R$ 合格 □　不合格 □	

拓展学习

1. 陀螺三维动态模型二维码。

2. 扫描以下产品三维动态模型二维码，观察其特征，绘制其三视图。

（7）完成【专项训练 A304.1-2 叠加型组合体视图】，如表 4.1.4 所示。

表 4.1.4 专项训练 A304.1-2 叠加型组合体视图

序号	训练内容	备注
1	请绘制下面模型的三视图（比例 1∶1）。 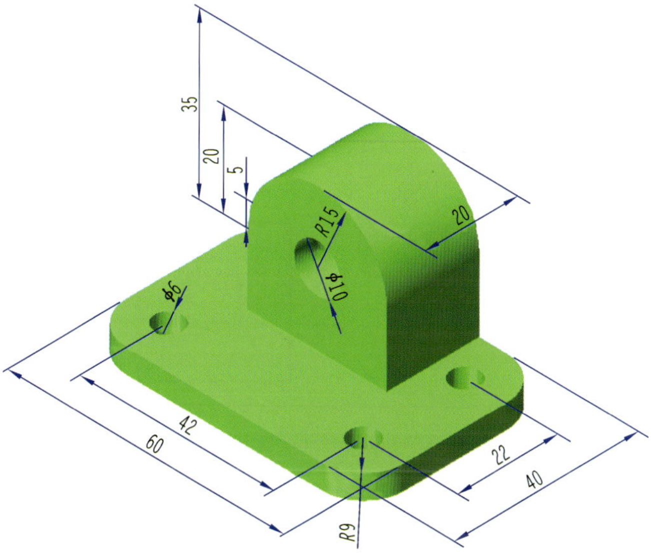	

续表

序号	训 练 内 容	备注
2	请根据三维模型，补画左视图。 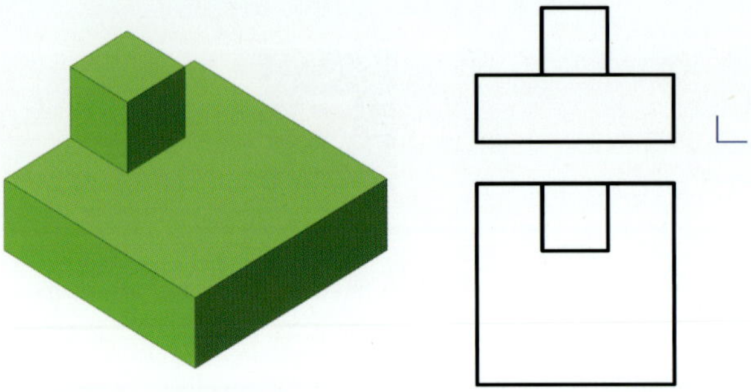	
3	请根据三维模型，补画左视图。 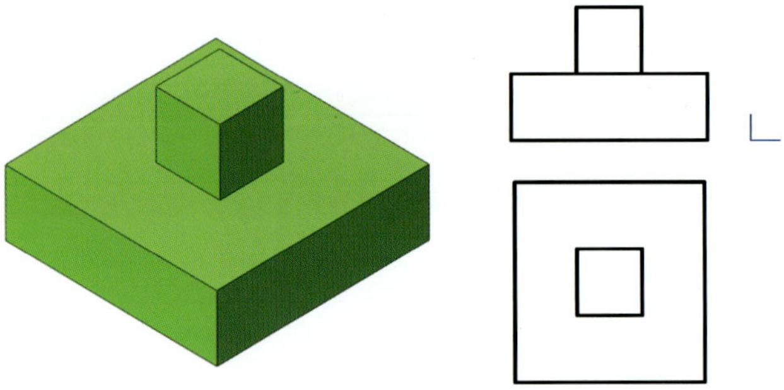	
4	请根据三维模型，补画左视图。 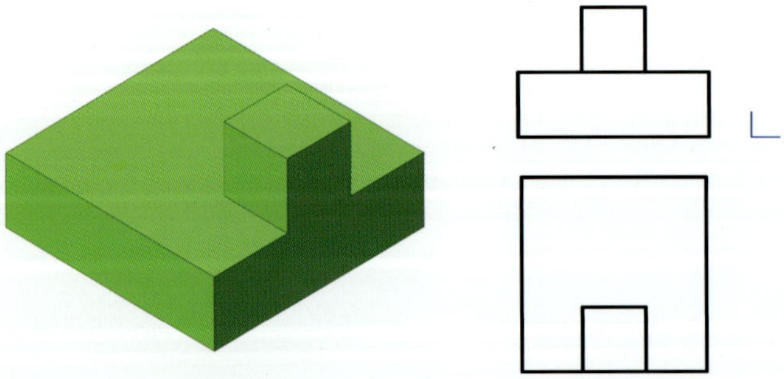	

续表

<table>
<tr><th>序号</th><th>训练内容</th><th>备注</th></tr>
<tr><td>5</td><td>请根据三维模型,补画三视图中的漏线。
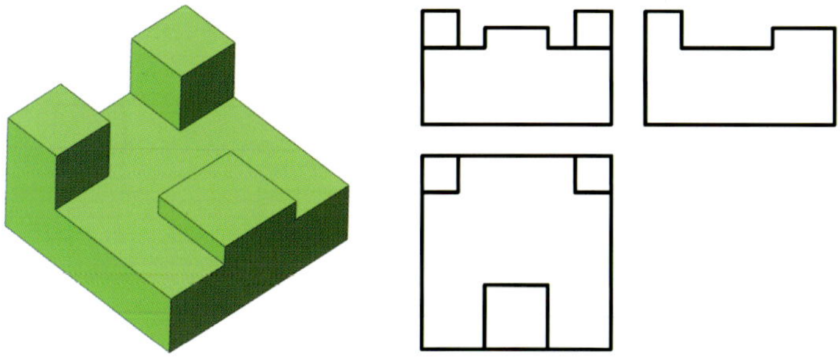</td><td></td></tr>
<tr><td>6</td><td>请绘制下面模型的三视图。
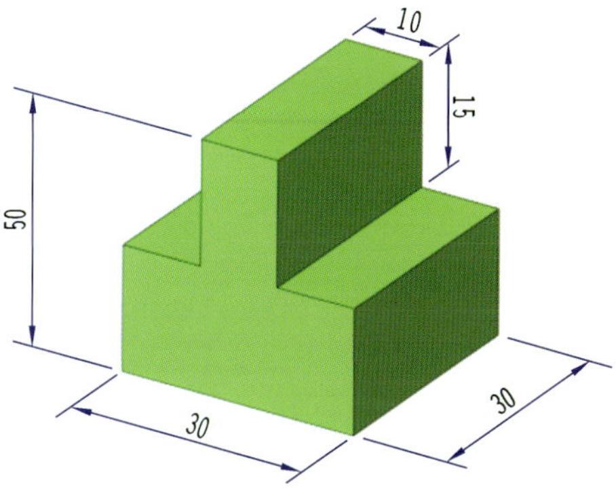

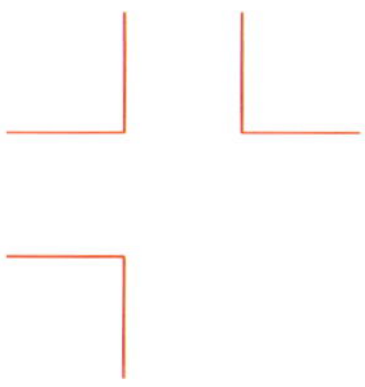</td><td></td></tr>
</table>

续表

序号	训练内容	备注
7	请圈出三视图中的多余线条，并补全漏线。 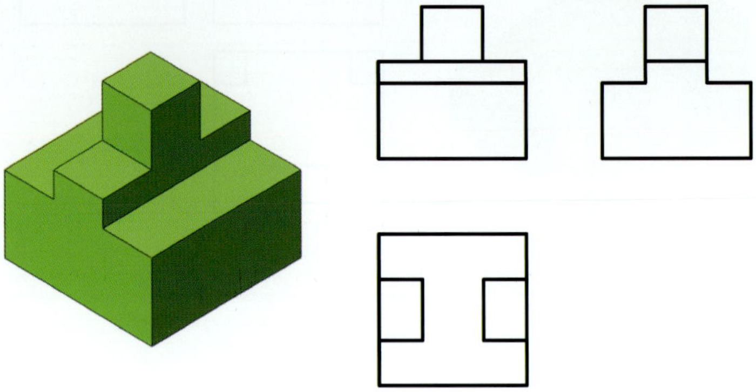	
8	请圈出三视图中的多余线条，并补全漏线。 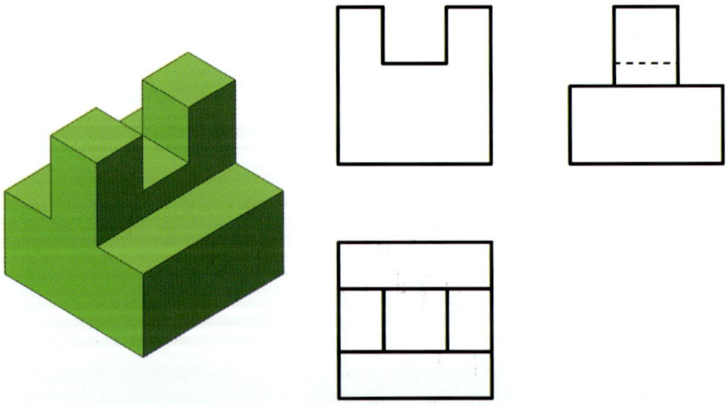	

（8）学习【链接知识 C401.4 深度游标卡尺】。

（9）完成【专项训练 C401.4 深度游标卡尺】，如表 4.1.5 所示。

表 4.1.5　专项训练 C401.4 深度游标卡尺

序号	训练内容	备注
1	请在方格中填写图中深度游标卡尺各部分的名称。 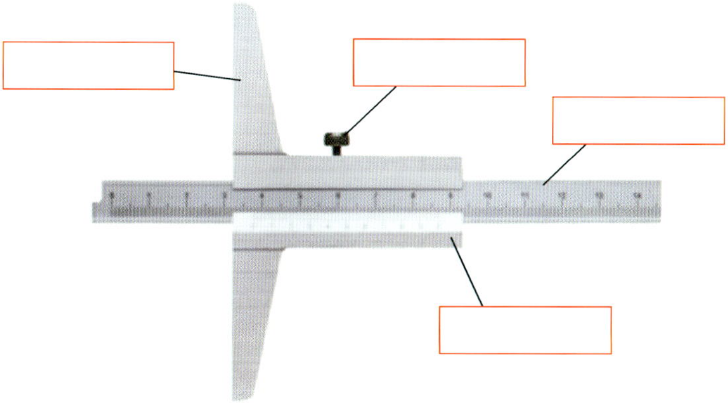	

(10) 完成【专项训练 A304.1-3 叠加型组合体视图】,如表 4.1.6 所示。

表 4.1.6　专项训练 A304.1-3 叠加型组合体视图

序号	训练内容	备注
1	请圈出三视图中的多余线条,并补全漏线。 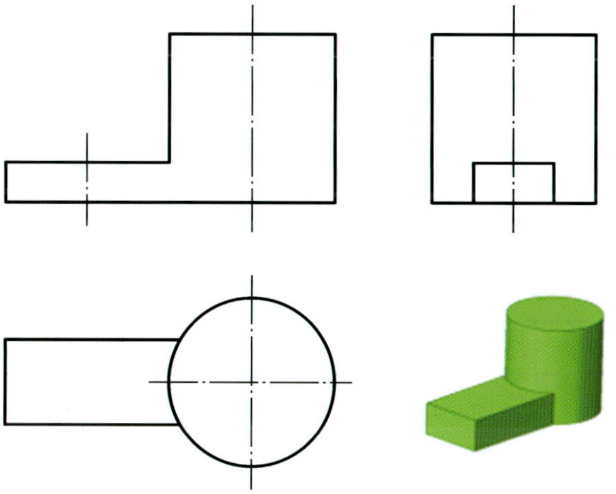	

续表

序号	训练内容	备注
2	请圈出三视图中的多余线条，并补全漏线。 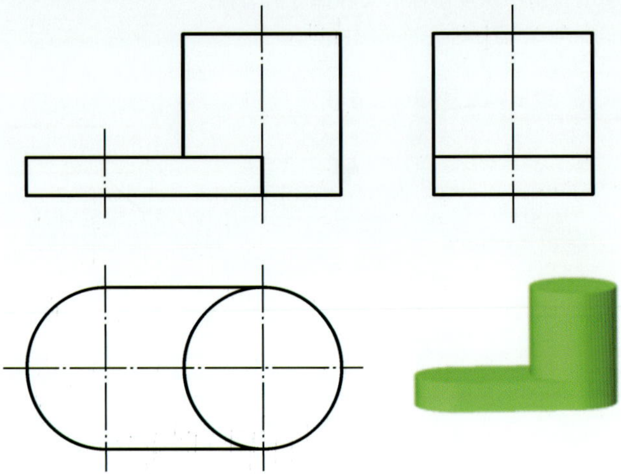	
3	请绘制出模型的三视图。 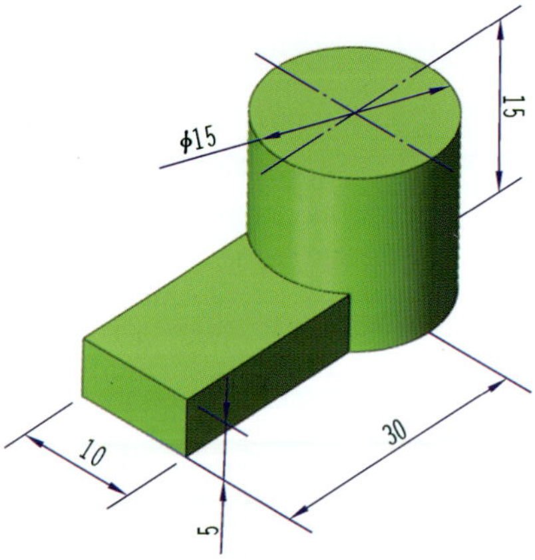 	

续表

序号	训练内容	备注
4	请补画三视图中的漏线。 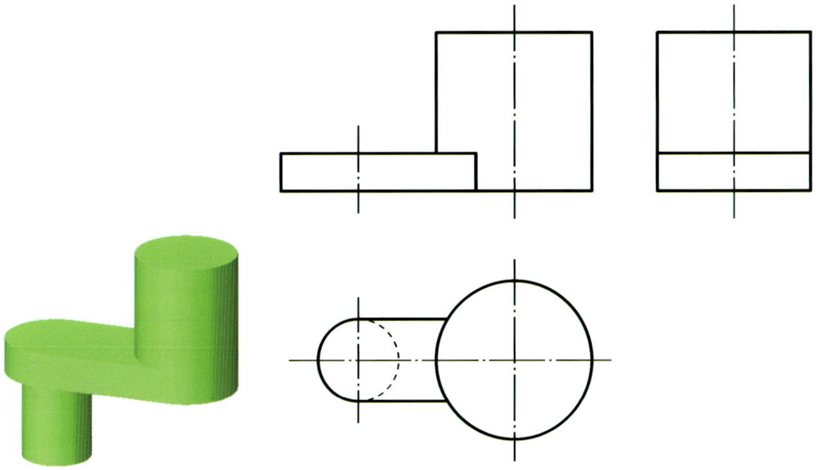	

拓展学习

1. 支座三维动态模型二维码。

2. 扫描以下产品三维动态模型二维码，观察其特征，绘制其三视图。

【任务评价】

完成【任务 1 测绘陀螺、支座】后，请如实填写表 4.1.7 和表 4.1.8。

表 4.1.7 【测绘陀螺、支座】任务评价表

评价项目	评价标准	评价等级		
铅笔	使用规范	A □	B □	C □
三角尺	清洁且使用规范	A □	B □	C □
量具使用	掌握方法	A □	B □	C □
绘图	掌握方法	A □	B □	C □
图纸	规范、干净、美观	A □	B □	C □
字体符号	工整、清晰	A □	B □	C □
标注	规范、清晰、完整	A □	B □	C □

表 4.1.8 【测绘陀螺、支座】8S 评价表

序号	项目	自评	组长评价	教师评价
1	整理(SEIRI)	A□ B□ C□	A□ B□ C□	A□ B□ C□
2	整顿(SEITON)	A□ B□ C□	A□ B□ C□	A□ B□ C□
3	清扫(SEISO)	A□ B□ C□	A□ B□ C□	A□ B□ C□
4	清洁(SEIKETSU)	A□ B□ C□	A□ B□ C□	A□ B□ C□
5	素养(SHITSUKE)	A□ B□ C□	A□ B□ C□	A□ B□ C□
6	安全(SAFETY)	A□ B□ C□	A□ B□ C□	A□ B□ C□
7	节约(SAVE)	A□ B□ C□	A□ B□ C□	A□ B□ C□
8	学习(STUDY)	A□ B□ C□	A□ B□ C□	A□ B□ C□

注:评价等级中的“A”对应“好”、“B”对应“一般”、“C”对应“差”。

学生:__________ 组长:__________ 教师:__________

任务 2 测绘圆筒

【任务描述】

测量圆筒实物的尺寸,并绘制其三视图(见图 4.2.1)。

图 4.2.1　圆筒的三维模型图

【知识目标】

(1) 外径千分尺(C401.5)；

(2) 内测千分尺(C401.6)；

(3) 切割型组合体视图(A304.2)。

【技能目标】

(1) 机械外径千分尺和机械内测千分尺的使用；

(2) 圆筒三视图的绘制。

【任务准备】

0～150 mm 带表游标卡尺、0～200 mm 深度游标卡尺、铝材圆筒、25～50 mm 外径千分尺、5～30 mm 内测千分尺、三角板、铅笔、橡皮等。

【任务实施】

(1) 学习【链接知识 C401.5 外径千分尺和 C401.6 内测千分尺】。

(2) 完成【专项训练 C401.5 外径千分尺和 C401.6 内测千分尺】,如表 4.2.1 所示。

表 4.2.1　专项训练 C401.5 外径千分尺和 C401.6 内测千分尺

序号	训练内容	备注
1	请在方格中填写图中外径千分尺各部分的名称。 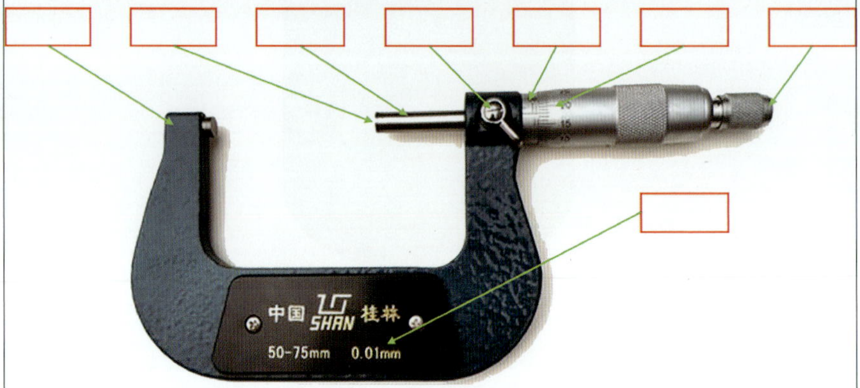 	
2	请写出使用外径千分尺的注意事项。	
3	请写出图中外径千分尺的读数。 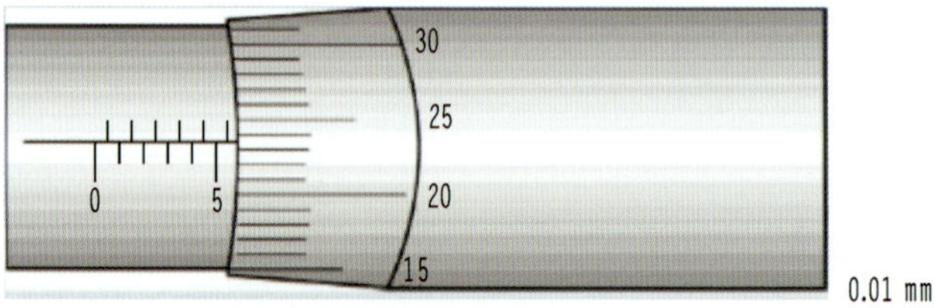 读数：________	
4	请写出图中内测千分尺的读数。 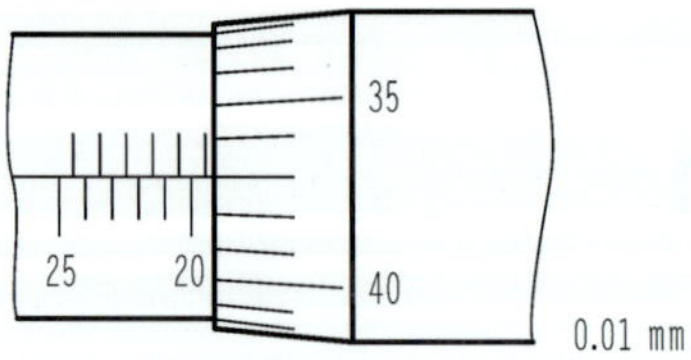 读数：________	

(3) 学习【链接知识 A304.2 切割型组合体视图】。

(4) 完成【专项训练 A304.2 切割型组合体视图】,如表 4.2.2 所示。

表 4.2.2 专项训练 A304.2 切割型组合体视图

序号	训练内容	备注
1	请绘制下面模型的三视图(比例为 1∶1)。 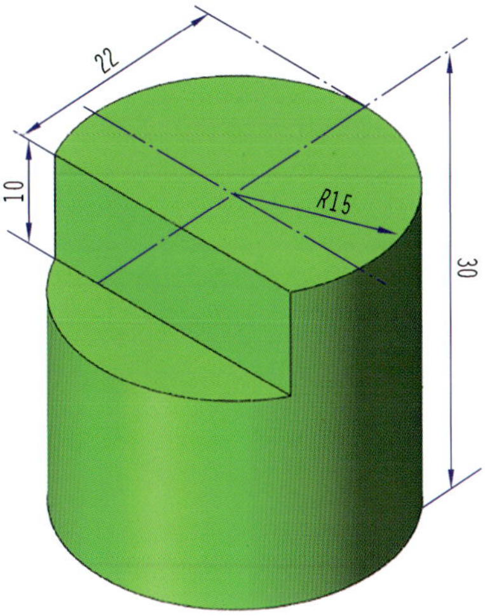 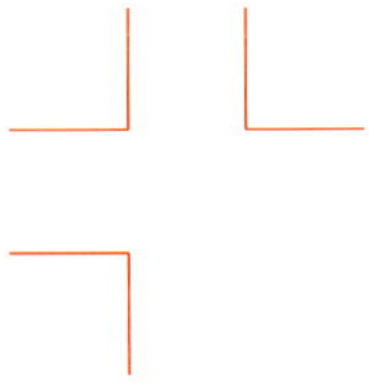	

序号	训练内容	备注
2	请绘制下面模型的三视图(比例为 1∶1)。 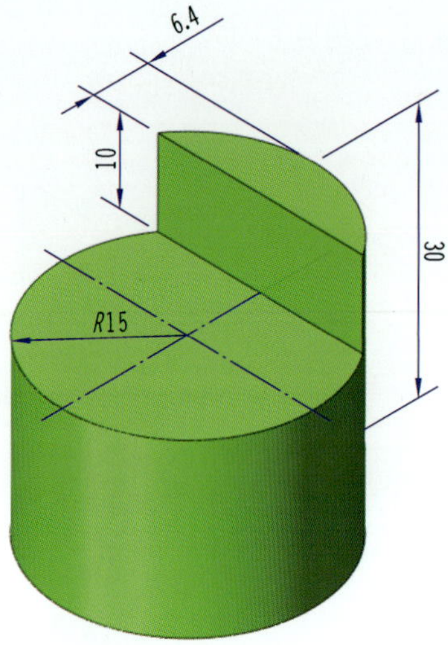	

序号	训 练 内 容	备注
3	请绘制下面模型的三视图(比例为 1∶1)。 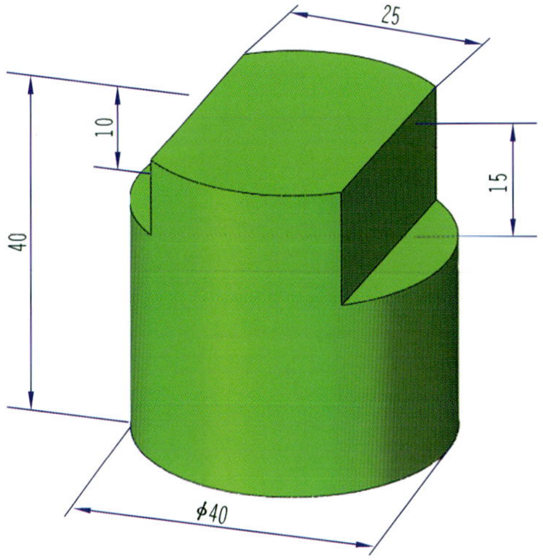 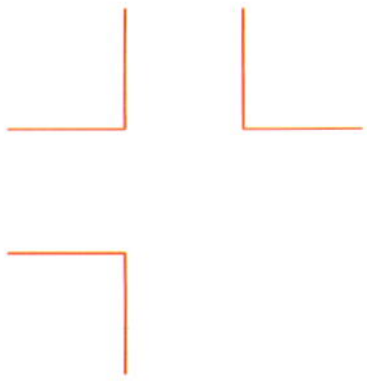	

续表

序号	训练内容	备注
4	请补画左视图。 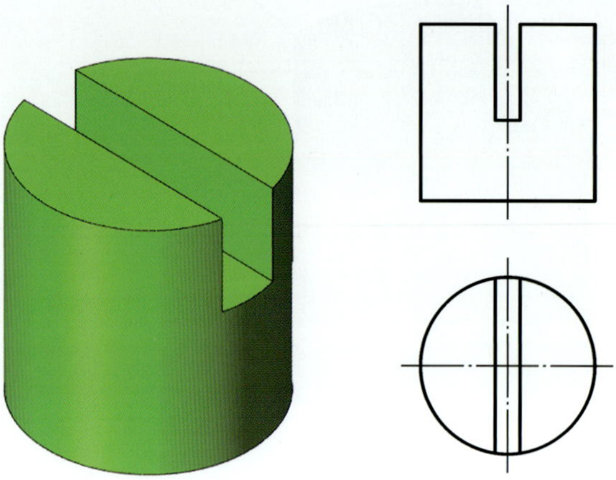	
5	请补画主视图中的漏线。 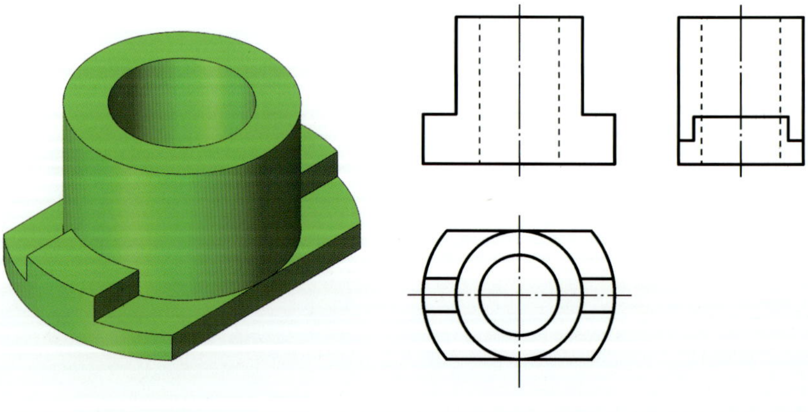	

续表

序号	训练内容	备注
6	请圈出三视图中的多余线条。 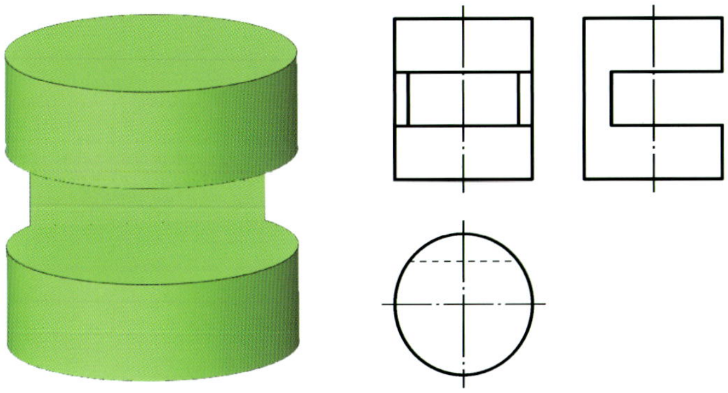	
7	请圈出三视图中的多余线条。 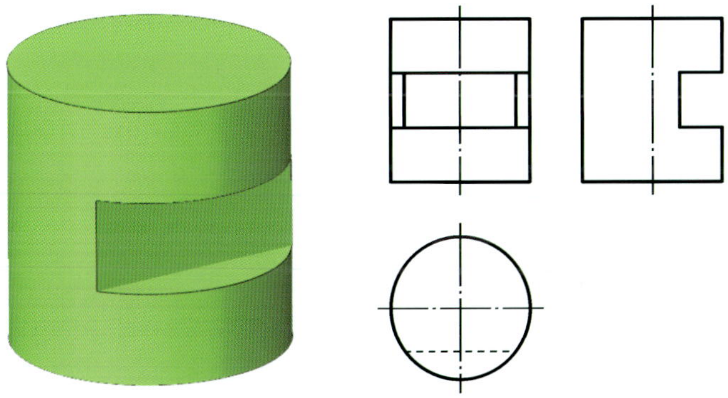	

拓展学习

1. 圆筒三维动态模型二维码。

2. 扫描以下产品三维动态模型二维码，观察其特征，绘制其三视图。

【任务评价】

完成【任务2测绘圆筒】后，请如实填写表4.2.3和表4.2.4。

表4.2.3 【测绘圆筒】任务评价表

评价项目	评价标准	评价等级		
铅笔	使用规范	A □	B □	C □
三角尺	清洁且使用规范	A □	B □	C □
量具使用	掌握方法	A □	B □	C □
绘图	掌握方法	A □	B □	C □
图纸	规范、干净、美观	A □	B □	C □
字体符号	工整、清晰	A □	B □	C □
标注	规范、清晰、完整	A □	B □	C □

表4.2.4 【测绘圆筒】8S评价表

序号	项目	自评	组长评价	教师评价
1	整理(SEIRI)	A□ B□ C□	A□ B□ C□	A□ B□ C□
2	整顿(SEITON)	A□ B□ C□	A□ B□ C□	A□ B□ C□
3	清扫(SEISO)	A□ B□ C□	A□ B□ C□	A□ B□ C□
4	清洁(SEIKETSU)	A□ B□ C□	A□ B□ C□	A□ B□ C□
5	素养(SHITSUKE)	A□ B□ C□	A□ B□ C□	A□ B□ C□
6	安全(SAFETY)	A□ B□ C□	A□ B□ C□	A□ B□ C□
7	节约(SAVE)	A□ B□ C□	A□ B□ C□	A□ B□ C□
8	学习(STUDY)	A□ B□ C□	A□ B□ C□	A□ B□ C□

注：评价等级中的“A”对应“好”、“B”对应“一般”、“C”对应“差”。

学生：__________ 组长：__________ 教师：__________

任务3 绘制底座

【任务描述】

绘制底座(见图 4.3.1)的三视图,并标注尺寸。

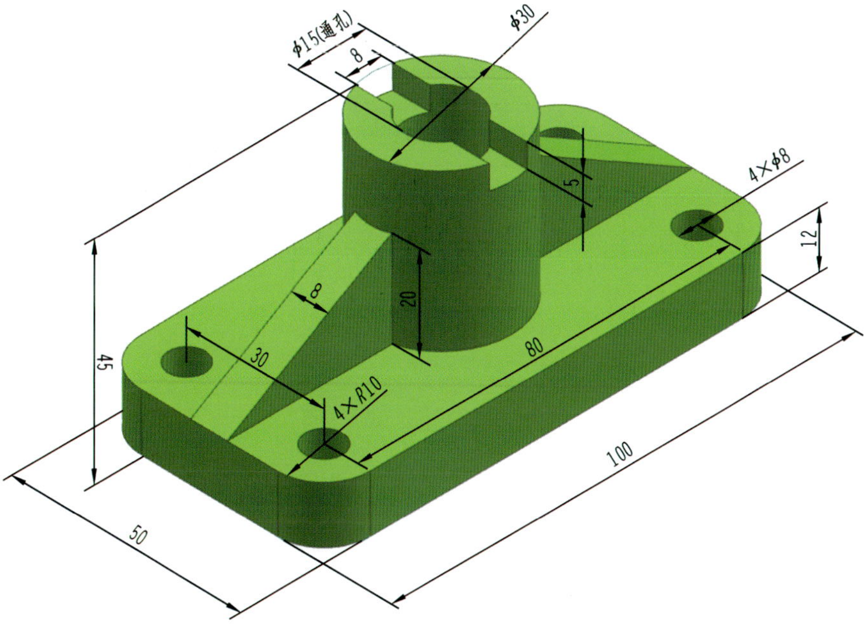

图 4.3.1　底座的三维模型图

【知识目标】

(1) 综合型组合体视图(A304.3);
(2) 组合体的尺寸标注(A305)。

【技能目标】

底座的三视图绘制及尺寸标注。

【任务准备】

A4 图纸、三角板、铅笔、橡皮等。

【任务实施】

（1）学习【链接知识 A304.3 综合型组合体视图】。

（2）完成【专项训练 A304.3 综合型组合体视图】，如表 4.3.1 所示。

表 4.3.1　专项训练 A304.3 综合型组合体视图

序号	训练内容	备注
1	请根据轴测图，画出三视图。 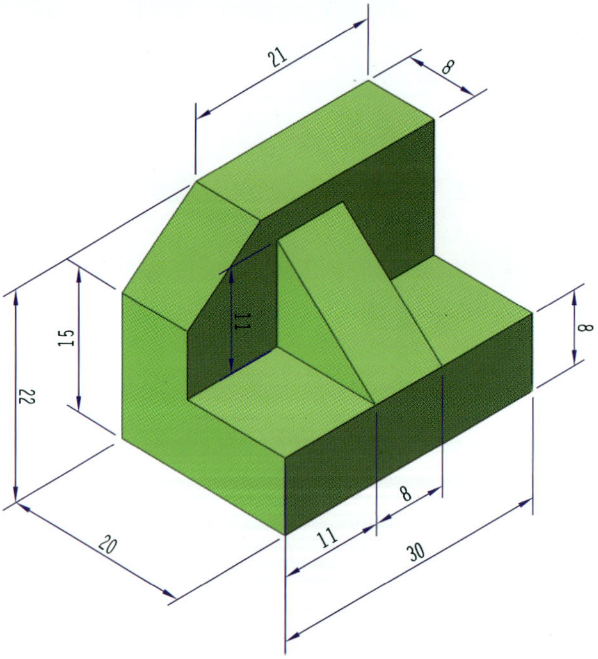	

续表

序号	训练内容	备注
2	请补画三视图中的漏线。 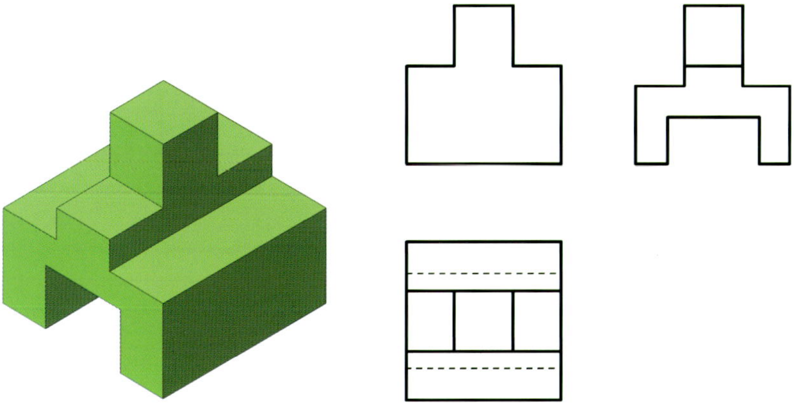	
3	请圈出三视图中的多余线条。 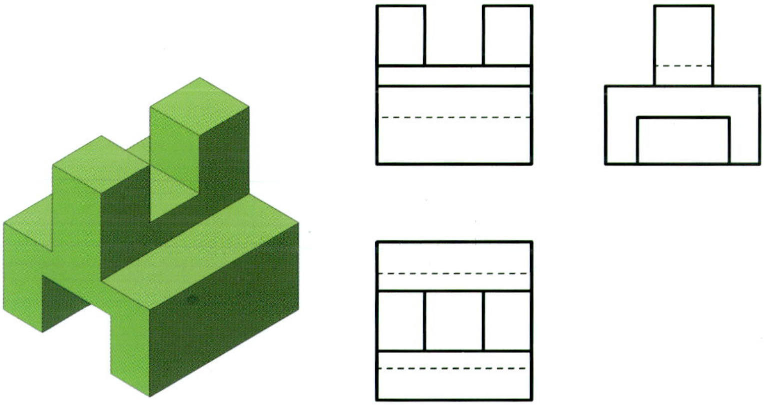	

序号	训练内容	备注
4	请补画主视图。 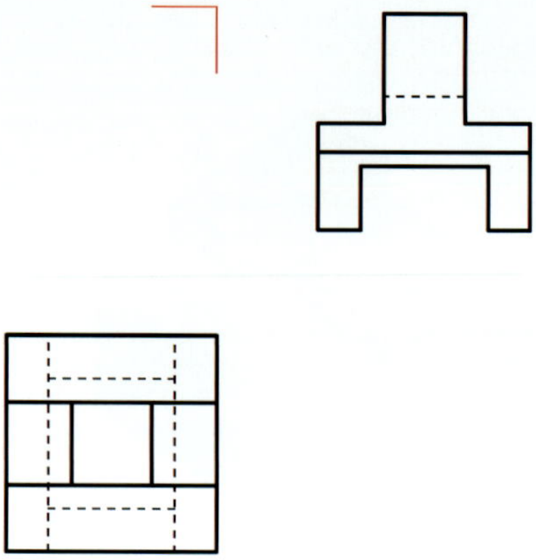	

(3) 学习【链接知识 A305 组合体的尺寸标注】。

(4) 完成【专项训练 A305 组合体的尺寸标注】,如表 4.3.2 所示。

表 4.3.2　专项训练 A305 组合体的尺寸标注

序号	训练内容	备注
1	(1) 组合体的尺寸标注基本要求有哪些? (2) 组合体的尺寸种类有哪些?	

续表

序号	训练内容	备注
2	找出相应的立体图，并在其下括号内填写对应字母。 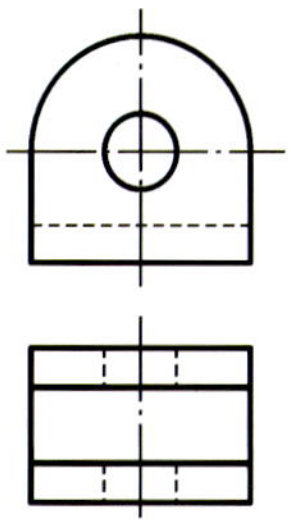 (a) 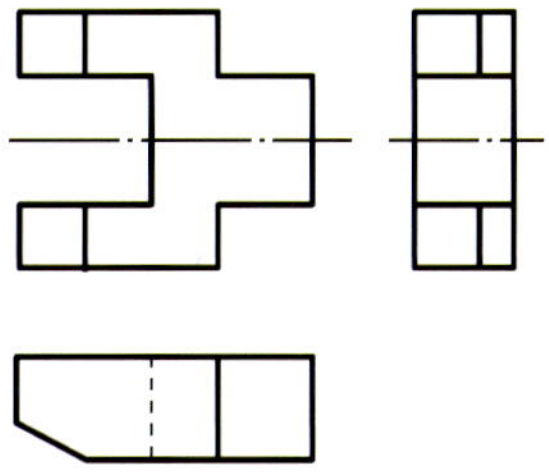 (b) 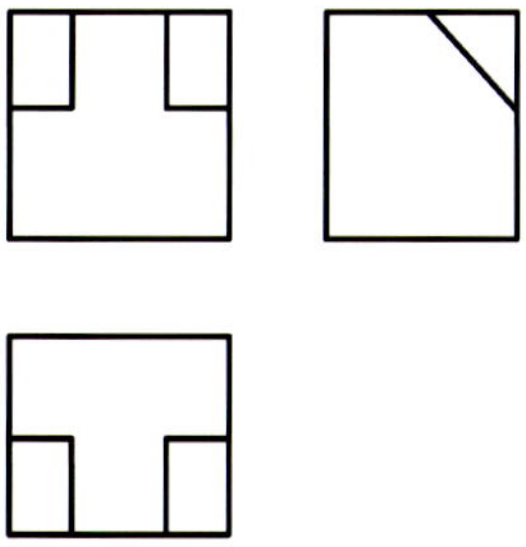 (c) 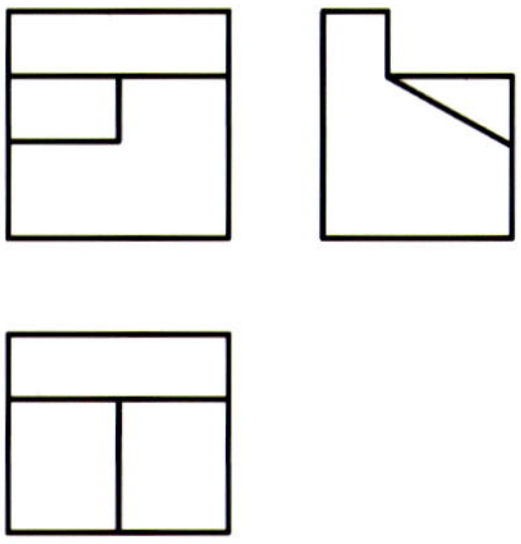 (d)  (　)  (　)  (　)  (　)	

拓展学习

1. 底座三维动态模型二维码。

2. 扫描以下产品三维动态模型二维码，观察其特征，绘制其三视图。

【任务评价】

完成【任务 3 绘制底座】后，请如实填写表 4.3.3 和表 4.3.4。

表 4.3.3 【绘制底座】任务评价表

评价项目	评价标准	评价等级		
铅笔	使用规范	A □	B □	C □
三角尺	清洁且使用规范	A □	B □	C □
绘图	掌握方法	A □	B □	C □
图纸	规范、干净、美观	A □	B □	C □
字体符号	工整、清晰	A □	B □	C □
标注	规范、清晰、完整	A □	B □	C □

表 4.3.4 【绘制底座】8S 评价表

序号	项目	自评	组长评价	教师评价
1	整理(SEIRI)	A□ B□ C□	A□ B□ C□	A□ B□ C□
2	整顿(SEITON)	A□ B□ C□	A□ B□ C□	A□ B□ C□
3	清扫(SEISO)	A□ B□ C□	A□ B□ C□	A□ B□ C□
4	清洁(SEIKETSU)	A□ B□ C□	A□ B□ C□	A□ B□ C□
5	素养(SHITSUKE)	A□ B□ C□	A□ B□ C□	A□ B□ C□
6	安全(SAFETY)	A□ B□ C□	A□ B□ C□	A□ B□ C□
7	节约(SAVE)	A□ B□ C□	A□ B□ C□	A□ B□ C□
8	学习(STUDY)	A□ B□ C□	A□ B□ C□	A□ B□ C□

注：评价等级中的“A”对应“好”、“B”对应“一般”、“C”对应“差”。

学生：____________　组长：____________　教师：____________

附　　录

附表 1 《机械制图》知识点代码表

A1 制图的基本知识和技能	A304.2 切割型组合体视图
A101 制图的基本规定	A304.3 综合型组合体视图
A101.1 图纸幅面及格式	A305 组合体的尺寸标注
A101.2 比例	A4 图样的基本表示法
A101.3 字体	A401 视图
A101.4 图线	A402 剖视图
A101.5 常用绘图工具的使用	A402.1 剖视图的形成
A102 尺寸标注	A402.2 剖切面的画法
A102.1 基本规则	A402.3 剖视图的标注及配置
A102.2 标注尺寸的要素	A402.4 全剖视图的概念及选用
A102.3 常见的尺寸注法	A403 断面图
A102.4 简化注法	A5 常用零件的特殊表达方法
A103 几何作图	A501 螺纹
A103.1 等分圆周和作正多边形	A501.1 螺纹的形成
A103.2 斜度和锥度	A501.2 螺纹的基本要素
A103.4 椭圆	A501.3 普通螺纹的标准
A103.5 圆弧连接	A502 螺纹紧固件及其连接画法
A103.6 平面图形分析及作图方法	A502.1 垫圈的选用方法
A2 投影的基本知识	A502.2 垫圈的画法
A201 投影法的概念	A502.3 螺栓连接画法
A202 三视图的形成与投影规律	A502.4 双头螺柱连接画法
A203 点、直线、平面的投影	A503 键联结和销联结
A204 基本几何体	A503.1 键联结
A205 轴测图的基本知识	A503.2 销联结
A206 正等侧、斜二测轴测图及其画法	A504 齿轮
A3 组合体	A504.1 齿轮轴的测绘
A301 组合体的概念和分析方法	A505 弹簧
A303 组合体的组合形式	A505.1 螺纹的规定画法
A303 组合体的表面交线	A505.4 螺纹的标注方法
A304 组合体视图的画法	A6 零件图
A304.1 叠加型组合体视图	A601 零件图概述

续表

A602 零件图的视图选择	A703 装配图的视图选择
A603 零件图的尺寸标注	A704 装配图的尺寸标注
A604 零件图上的技术要求	A705 装配图的零件序号和明细栏
A605 零件图的工艺结构	A706 装配图的绘制
A606 看零件图	A707 常见装配结构
A607 简单零件图的绘制	A708 部件测绘
A7 装配图	A709 装配图的读图方法和步骤
A701 装配图的内容	A710 由装配图拆画零件图
A702 装配图的视图表达方法	

附表 2 《机械基础常识》知识点代码表

B1 机械概述	B503 齿轮系的应用
B101 机器的组成及其基本要求	B504 减速器及应用
B102 机械零件的强度	B6 平面连杆机构
B103 摩擦、磨损和润滑	B601 平面四杆机构组成及类型
B2 联接	B602 平面四杆机构的基本特性
B201 键联接	B603 构件和运动副的结构
B202 销联接	B7 凸轮机构
B203 螺纹联接及螺纹传动	B701 凸轮机构的应用
B203.1 螺纹连接的预紧和防松	B702 凸轮机构的基本特性
B204 联轴器和离合器	B8 支承零部件
B3 带传动	B801 轴
B301 带传动的类型、特点和应用	B801.1 轴的用途和分类
B302V 带和 V 带轮	B801.2 轴的结构
B303 同步齿形带	B802 轴承
B4 齿轮传动	B802.1 滚动轴承的结构和类型
B401 齿轮传动的特点和分类	B802.2 滚动轴承的代号
B402 渐开线直齿圆柱齿轮	B802.3 滚动轴承润滑、密封
B402.1 齿轮的结构形式	B802.4 滚动轴承的画法
B403 斜齿圆柱齿轮	B9 通用机床机械结构
B404 蜗轮蜗杆	B901 普通车床
B405 齿轮传动的维护	B902 普通铣床
B5 齿轮系	B903 普通刨床
B501 定轴齿轮系的传动比	B904 普通钻床
B502 行星齿轮系的传动比	B905 普通磨床

附表3 《零件测量与质量控制技术》知识点代码表

C1 极限与配合	C4 常用测量工量器具
C101 零件互换性术语及其定义	C401 游标卡尺、内外径千分尺、百分表、量块、角度量具、极限量具的应用
C102 标准公差和基本偏差	C401.1 钢直尺
C103 公差代号与极限偏差的确定	C401.2 游标卡尺
C104 配合与配合种类	C401.3 高度游标卡尺
C105 基孔制与基轴制	C401.4 深度游标卡尺
C106 一般公差—线性尺寸的未注公差	C401.5 外径千分尺
C2 几何公差	C401.6 内径千分尺
C201 几何要素的分类、定义	C401.7 百分表、千分表
C202 几何公差基本要求和标注方法	C401.8 游标万能角度尺
C202.1 几何公差被测要素的标注	C401.9 直角尺
C202.2 几何公差基准要素的标注	C401.10 半径样板
C202.3 形状公差	C401.11 量块
C202.4 方向公差	C401.12 塞尺
C202.5 位置公差	C401.13 塞规和环规
C202.6 跳动公差	C5 精密测量仪器
C203 几何公差的公差原则	C501 三坐标测量仪、激光干涉仪光学合像水平仪
C3 表面结构及其评定参数和图样标注	
C301 表面结构及其评定参数	
C302 表面结构的图样标注	

附表4 《机械工程材料》知识点代码表

D1 金属的基本知识	D202.1 金属材料退火
D101 金属材料的主要性能	D202.2 金属材料淬火
D101.1 金属材料分类	D203 钢的表面热处理
D101.2 金属材料硬度	D3 金属材料
D102 金属与合金的结构和结晶	D301 碳钢
D103 铁碳合金相图	D302 合金钢
D2 钢的热处理	D303 铸铁
D201 钢的热处理基本原理	D304 有色金属
D202 钢的普通热处理	

附表5 《机械加工工艺基础》知识点代码表

E1 金属切削加工基础知识	E303 零件的工艺分析及工艺审查
E101 金属切削加工基本概念	E304 毛坯的选择
E102 切削运动与切削用量	E305 定位基准的选择
E103 刀具切削部分的几何角度	E306 工艺路线的拟定
E104 常用的刀具材料	E307 工序尺寸及公差带的分布
E105 切削力、切削热与切削温度	E308 工艺尺寸链的计算
E106 刀具磨损	E309 设备与工艺装备的选择
E107 刀具几何参数的合理选择	E310 典型零件的加工工艺分析
E108 切削用量的合理选择	E4 工件的定位与夹紧
E2 典型加工方法	E401 工件的定位原则
E201 内外圆表面加工方法	E402 常用的定位方法及定位元件
E202 孔加工方法	E403 工件的夹紧
E203 平面加工方法	E404 典型夹紧机构
E204 成形表面加工方法	E5 机械加工质量分析
E3 机械加工工艺规程	E501 工艺系统对加工精度的影响
E301 基本概念	E502 提高加工精度、表面质量和生产效率的措施
E302 工艺规程制定的原则和步骤	

附表6 《手工制作》知识点代码表

F1 入门知识	F101.6 孔加工工具
F5 孔的加工和螺纹加工	F506 丝锥和板牙的使用方法和注意事项
F101 钳工常用设备和常用工量具	F102 了解实训相关的规章制度和文明生产要求
F501 钻孔设备和钻孔工具	F506.1 螺纹底孔直径的确定
F101.1 台虎钳	F2 平面划线
F502 钻花的刃磨安装	F506.2 攻螺纹的方法
F101.2 钳台	F201 划线工具
F503 钻孔的方法和注意事项	F6 锉配
F101.3 砂轮机	F201.1 划针
F504 铰孔的方法和注意事项	F601 锉削配合的概念
F101.4 钻床	F201.2 划规
F505 丝锥和板牙的作用和规格	F602 锉配工艺
F101.5 钳工各类工具	F201.3 单脚规
F505.1 攻螺纹的工具	F603 各种工具的应用

F201.4 划线平板	F3 锯削
F604 锉配的方法和注意事项	F301 锯削工具
F201.5 样冲	F302 锯削方法和注意事项
F201.6 支承工具	F302.1 基本锯削方法
F202 划线方法	F303 常见材料的锯削方法
F202.1 钢直尺划线	F4 锉削
F202.2 直角尺划线	F401 锉削工具
F202.3 划规划线	F401.1 锉刀
F202.4 打样冲眼	F402 锉削方法和注意事项
F203 划线注意事项	F402.1 基本锉削方法
F204 划线的线形保持	F402.2 曲面锉削方法

附表7 《机械拆装(部件)》知识点代码表

G1 机械拆装的基本知识	G2 常用零部件的拆装
G101 机械拆卸前的准备工作	G201 螺纹紧固件的拆装
G102 机械拆卸的顺序及注意事项	G202 键、销连接件的拆装
G103 机械拆卸的常用方法	G203 轴承的拆装
G104 装配工艺规程概述	G204 联轴器的拆装
G105 装配前的准备工作	G3 典型部件拆装
G106 常用机械拆装及检测工具	G301 能正确拆卸、清洗、装配典型部件
G107 机械连接方式	G302 掌握典型部件中相对运动机构间的运动间隙的调整方法和间隙量的确认
G108 常用拆装工具	
G109 拆装后的质量检验	G4 减速器拆装
G110 机械拆装实习室安全制度	G401 认识减速器
G111 机械拆装实习守则	G402 组装减速器
G112 机械拆装操作安全须知	

附表8 《普通车削加工技术》知识点代码表

H1 普通车工实训车间准则	H2 认识普通车床及普通车加工基本知识
H8 车削内外圆锥面	H803 宽刃刀车削法车削圆锥面
H101 普通车床安全操作规程	H201 普通车床的结构
H801 转动小滑板法车削圆锥面	H804 内外圆锥面的检测及质量分析方法
H101 普通车床行业规范、标准	H202 普通车床的基本操作
H802 偏移尾座法车削圆锥面	H9 内外圆锥面课题练习

续表

H203 普通车床的日常维护和保养	H405 切削过程、切削力、切削热和切削温度的含义
H901 按图纸要求完成零件的加工和检测	
H204 普通车加工原理、基本术语、定义、加工范围和类型	H1204 螺纹的加工技巧和切削参数
	H406 刀具的磨损和磨损限度的含义
H10 车削成型面及表面修饰	H1205 螺纹的检测、质量分析方法
H3 普通车加工相关知识	H407 刀具的刃磨方法
H1001 滚花刀的使用	H13 内外螺纹课题练习
H301 普通车床通用夹具的使用方法及特点	H408 轴类零件的加工及检测
H1002 双手控制法车削成型面	H1301 按图纸要求完成零件的加工和检测
H302 普通车刀的选择及使用方法	H5 阶梯轴课题练习
H1003 双手控制法修光成型面	H14 中级工课题训练一
H303 量具的选择及使用方法	H501 按图纸要求完成零件的加工和检测
H1004 成型面的检测	H1401 按图纸要求完成零件的加工和检测
H304 其他辅具的使用方法	H6 车削套类零件
H11 成型面课题练习	H15 中级工课题训练二
H4 车削阶梯轴零件	H601 尾座的使用
H1101 按图纸要求完成零件的加工和检测	H1501 按图纸要求完成零件的加工和检测
H401 金属切削基本原理	H602 钻孔和铰孔
H12 内外螺纹加工	H16 中级工课题训练三
H402 手动进给和机动进给的操作方法	H603 内孔的车削方法
H1201 螺纹的相关知识	H1601 按图纸要求完成零件的加工和检测
H403 外径和端面的车削方法	H604 钻花、内孔车刀的刃磨方法
H1202 螺纹的计算方法	H605 套类零件的加工及检测
H404 切槽、切断的车削方法	H7 套类零件课题练习
H1203 螺纹刀的选着和刃磨方法	H701 按图纸要求完成零件的加工和检测

附表 9 《数控车床编程与加工技术》知识点代码表

I1 数控车床的认识与基本操作	I1103 封闭车削复合循环指令 G73
I11 复合循环的程序编制	I104 数控车床的手动操作
I101 数控车床的认识	I12 刀尖圆弧半径补偿的程序编制
I1101 内外径粗车复合循环指令 G71	I105 数控车床的对刀
I102 数控车床控制面板的认识	I1201 建立刀尖圆弧半斤补偿指令 G41、G42
I1102 端面粗车复合循环指令 G72	I2 简单零件的工艺分析
I103 数控车床坐标系的建立	I1202 取消刀尖圆弧半径补偿指令 G40

续表

I201 工艺路线的确定	I504 直接机床坐标系编程 G53
I13 螺纹车削的程序编制	I1601 数控车床日常维护的基本知识
I202 工件的装夹	I505 直径和半径方式编程 G36、G37
I1301 螺纹相关知识及计算	I1602 工量具的保养
I203 数控车刀的选着	I6 直线插补的程序编制
I1302 螺纹车削指令 G32	I1603 刀具、夹具的保养
I204 切削用量的选着	I601 快速定位指令 G00
I1303 螺纹车削简单循环指令 G82	I1604、数控车床安全操作规程
I205 工艺卡片的填写	I602 直线插补 G01 指令
I1304 螺纹车削复合循环指令 G76	I17 综合加工任务一
I3 数控车削程序编制基础知识	I603 直线倒角 G01 指令
I14 程序的输入、编辑与校验	I1701 运用工艺知识制定加工工艺
I301 数控程序结构	I7 简单轴类零件的编程练习
I1401 数控系统操作面板的认识	I1702 运用编程指令进行程序编制
I302 辅助功能 M 代码	I701 按图纸要求完成零件程序的编制
I1402 程序的输入	I1703 零件的检测与质量分析
I303 主轴功能 S、进给功能 F 和刀具功能 T 代码	I8 圆弧插补的程序编制
I1403 零件程序的编辑	I18 综合加工任务二
I4 不同单位设定的程序编制	I801 圆弧插补指令 G02、G03
I1404 零件程序的校验	I1801 运用工艺知识制定加工工艺
I401 尺寸单位选择 G20、G21	I802 圆弧倒角指令 G02、G03
I15 零件的加工与检测	I1802 运用编程指令进行程序编制
I402 进给速度单位的设定 G94、G95	I9 简单弧面零件的编程练习
I1501 刀具的安装与对刀	I1803 零件的检测与质量分析
I5 有关坐标系和坐标的程序编制	I901 按图纸要求完成零件程序的编制
I1502 毛坯的装夹	I19 综合加工任务三
I501 绝对编程与增量编程 G90、G91	I10 简单循环的程序编制
I1503 数控车床自动加工	I1901 运用工艺知识制定加工工艺
I502 坐标系设定 G92	I1001 内外径简单循环指令 G80
I1504 零件的检测与质量分析	I1902 运用编程指令进行程序编制
I503 坐标系选择 G54-G59	I1002 端面简单循环指令 G81
I16 数控车床、工量具、刀具、夹具维护保养	I1903 零件的检测与质量分析

附表 10 《数控铣床编程与加工技术》知识点代码表

J1 数控铣床简介及安全文明生产	J301 数控铣削基本编程知识
J7 孔和孔系编程与加工	J302 数控仿真软件的使用
J101 数控铣床工艺范围、主要组成、主轴单元结构、伺服进给系统传动结构和主要部件	J4 平面零件编程与加工 J401 平面零件的加工工艺路线、切削用量的确定
J701 孔加工循环指令的应用	J402 工艺文件的编制
J102 数控铣床/加工中心的行业规范、标准	J403 工件坐标系的选择、基点坐标的计算
J702 孔加工刀具的选择、切削用量	J404 铣削刀具的选择
J103 数控铣床安全操作规程 J703 孔系的加工方法	J405 平面零件的手工编程、对刀、工件坐标系的设置及工件的装夹、加工 J5 外形轮廓的编程与加工
J2 数控铣削加工入门及面板操作 J704 零件的程序编制、对刀、工件坐标系的设置及工件的装夹、加工、检测	J501 零件外轮廓的加工工艺路线、切削用量的确定 J502 工艺文件的编制
J201 数控铣床控制面板的使用	J503 工件坐标系的选择、基点坐标的计算
J8 配合零件的编程与加工	J504 铣削刀具的选择
J202 对刀和坐标系的设置	J505 零件的程序编制、刀补设置
J801 零件加工工艺路线、装夹方案、切削用量的确定	J506 零件的对刀、工件坐标系的设置及工件的装夹、加工、检测
J203 刀补设置	J6 沟槽和内轮廓编程与加工
J802 编制简单加工工艺文件的流程和方法	J601 零件加工工艺路线、切削用量的确定
J204 工件安装找正操作	J602 封闭沟槽和内腔的下刀和加工方法
J803 零件加工质量检测和控制方法	J603 开放沟槽和内腔的下刀和加工方法
J205 数控机床日常维护和简单故障处理	J604 铣削刀具的选择
J804 加工零件的去毛刺、防锈等加工后处理工艺的方法 J3 数控铣削编程基础知识	J605 铣削方式和刀补方向的确定 J606 零件的程序编制、对刀、工件坐标系的设置及工件的装夹、加工、检测

附表 11 《CADCAM 软件应用(中望)》知识点代码表

K1 中望 3D2022 基础	K103 自定义操作
K802 钻孔	K803 三维快速铣削
K101 基本界面	K104 管理器
K802.1 中心钻	K803.1 Volumill3X(动态开粗)
K102 对象操作	K105 查询功能
K802.2 啄钻	K803.2 平坦面加工

续表

K2 线框	K5 装配设计
K804 二维铣削	K501 装配管理
K201 曲线绘制	K502 组件装配
K804.1 轮廓	K503 装配工具
K202 曲线编辑	K504 装配动画
K804.2 螺旋	K6 工程图
K203 曲线操作	K601 工程图基础
K804.3 倒角	K602 视图布局
K3 草图	K603 剖视图
K805 实体仿真	K604 工程图实例
K301 草图绘制	K7 综合建模与装配练习图样
K806 添加坐标	K701 坚果夹
K302 草图控制	K702 桌面虎钳
K807 编辑后处理	K703 万向节
K303 草图操作	K704 磨
K808 程序的输出	K705 垂直斯特林发动机
K4 实体建模	K706 气动抽水机
K401 基础造型	K707 齿轮螺旋机构
K402 特征操作	K708 齿轮传动式偏心滑块机构
K403 基础编辑	K8 加工模块
K404 基准面	K801 中望加工模块的设置
K405 实体建模实例	

附表 12 《特种加工技术(电火花、线切割)》知识点代码表(高职)

L1 电加工机床认识	L302 电火花加工中的一些基本工艺规律
L101 电火花加工机床及加工介绍	L303 电火花加工的脉冲电源及电规准调节
L102 电火花线切割机床及加工介绍	L304 电火花加工的自动进给调节系统
L103 电火花产生的原理简介	L305 电火花加工机床
L2 电火花线切割加工	L306 影响电火花成形加工工艺指标的因素
L201 电火花线切割加工原理、特点及应用范围	L4 电火花加工文安全文明生产
L202 电火花线切割加工设备	L401 准备加工时的检查事项
L203 电火花线切割控制系统和编程技术	L402 加工中的检查事项
L204 影响电火花线切割工艺指标的因素	L403 电火花加工的安全技术规程
L3 电火花成形加工	L404 电火花机床的安全操作规程
L301 电火花加工的基本原理及其分类	L405 电火花机床的维护和保养

附表 13 《普通铣削加工技术》知识点代码表

M1 铣削加工基础知识	M302 铰刀用途，铰孔操作方法
M101 普通铣床的分类及日常维护常识	M303 安全文明生产的操作规程
M102 普通铣床的基本操作	M4 压板零件的铣削加工
M103 铣刀的种类和铣刀的结构	M401 压板各平面、台阶面、角度面、孔的铣削加工
M104 工件的装夹	
M105 常用量具的使用方法	M402 安全文明生产的操作规程
M106 安全文明生产的操作规程	M5 定位 V 型铁的铣削加工
M2 常规铣削方法和技巧	M501 V 型铁各平面的铣削加工
M201 铣削平面的方法	M502 V 型槽的铣削加工
M202 长方体工件铣削工艺及铣削工步步骤	M503 掌握机床安全操作规程
M203 铣削台阶面的方法和刀具的对刀方法	M6 T 型底座的铣削加工
M204 键槽加工的对刀方法和操作方法	M601 直角面的铣削加工
M205 安全文明生产的操作规程	M602 T 型台阶面的铣削加工
M3 铣床上孔的加工	M603 掌握机床安全操作规程
M301 钻花的角度，钻孔的操作方法	

附表 14 《电工基础》知识点代码表(高职)

N1 安全用电常识	N404 三相交流电路
N101 电气危害概述	N405 串联电路
N102 触电的保护与急救	N5 电容与电感
N103 电气火灾的防护与处理	N501 常见电容器
N104 电气安全规范常识	N502 电容器的种类
N2 电工工具与电工材料常识	N503 电容元件参数
N201 常用电工工具及其使用常识	N504 常见电感器
N202 常用电工材料基础常识	N505 电感器元件参数
N203 常用电工材料的选用技术	N6 电气控制图识读基础
N3 直流电路基础知识	N601 电气控制图样的相关规定与国家标准简介
N301 电流、电压、电动势的基本概念	N602 电气控制图样识读基础
N302 电阻的概念和电阻与温度的关系	N603 典型机床电气控制图识读技巧
N303. 欧姆定律的定义	N7 电工仪表与测量技术
N304 电能和电功率的概念	N701 常用电工仪表和电工元件的使用技术常识
N305 焦耳定律、电能和电功率的概念	N702 主要电量的测量技术常识
N4 正弦交流电路基本知识	N703 电工测量典型实例
N401 正弦交流电的三要素	N8 设备常见电气故障的处理
N402 纯电阻、纯电感、纯电容电路的规律	N801 设备常见电气故障的种类与特点
N403 有功功率、无功功率和视在功率的物理概率	N802 处理电气故障的一般方法步骤

附表 15 《数控机床维护常识》知识点代码表(高职)

O1 数控机床概述	O303 数控机床电气控制逻辑表示
O101 数控机床历史	O304 组成电气控制线路的基本规律
O102 数控机床的基本结构及工作原理	O305 液压、气动基本知识
O103 数控机床的分类	O4 数控机床安装调试及验收
O104 数控机床的特点及应用范围	O401 安装数控机床前期准备工作
O2 数控机床的机械结构	O402 安装数控设备
O201 数控机床机械结构的组成与要求	O403 调试数控机床
O202 数控机床主轴传动系统的结构	O404 验收数控机床
O203 数控机床进给传动系统的结构	O5 数控机床维护
O204 自动换刀装置	O501 数控机床日常维的基本知识
O205 数控电加工机床	O502 数控机床机械部的维护
O3 数控机床电气控制基础	O503 数控系统的维护
O301 数控机床常用控制电器及选择	O504 伺服系统的维护
O302 数控机床电气原理图的画法规则	

附表 16 《班组管理》知识点代码表(高职)

P1 班组生产管理	P204 规范自动化运行维护人员的作业行为
P101 班前计划(计划与目标管理)	P205 制定年度自动化设备检修计划
P102 班中控制	P206 安全量化管理工作
P103 班后总结	P207 如何做好生产安全管理考核
P2 如何做好生产安全管理	P3 班组设备与工具管理
P201 安全事故的原因分析	P301 班组设备的日常“三级保养”
P202 安全管理措施的落实	P302 班组日常工具管理
P203 做好安全日常管理工作	

参 考 文 献

[1] 钱可强. 机械制图[M]. 2 版. 北京:高等教育出版社,2017.

[2] 崔陵,娄海滨机械识图[M]. 2 版. 北京:高等教育出版社,2014.

[3] 人力资源社会保障部教材办公室. 极限配合与技术测量基础[M]. 5 版. 北京:中国劳动和社会保障出版社,2014.

[4] 崔陵,娄海滨. 零件测量与质量控制技术[M]. 2 版. 北京:高等教育出版社,2014.

[5] 汪哲能. 钳工工艺与技能训练[M]. 3 版. 北京:机械工业出版社,2019.

[6] 吴志军,翟彤主编. 机械制图[M]. 西北工业大学出版社,2014.